高职高专国家示范性院校"十三五"规划教材

电力电子技术实训教程

主　编　田素娟

副主编　马越超　徐世卿　王　政

主　审　马晓宇　魏　军

西安电子科技大学出版社

内 容 简 介

  本书的正文内容包括安全用电与文明生产、仪器仪表的使用及日常维护、基本技能训练项目和综合训练项目四个部分,附录部分包括实训平台简介、实训装置控制组件(挂箱)介绍以及电源控制屏常见故障的诊断三部分内容。

  本书采用与教学做一体的项目教学法相对应的形式编写,强化了学生的任务决策、团队协作与实践能力。本书是一本数字化立体教材,读者可用手机扫描二维码观看接线小视频。本书可与《电力电子技术》(马晓宇主编,西安电子科技大学出版社,2016)教材配套使用,可作为高职高专院校电气技术、电气自动化、机电一体化等专业的教材。

图书在版编目(CIP)数据

  电力电子技术实训教程/田素娟主编. 一西安:西安电子科技大学出版社,2018.8(2019.4重印)
  ISBN 978 - 7 - 5606 - 4970 - 2

  Ⅰ. ① 电…   Ⅱ. ① 田…   Ⅲ. ① 电力电子技术—教材
  Ⅳ. ① TM1

  中国版本图书馆 CIP 数据核字(2018)第 150992 号

策划编辑   秦志峰
责任编辑   张倩
出版发行   西安电子科技大学出版社(西安市太白南路2号)
电   话   (029)88242885   88201467   邮   编   710071
网   址   www.xduph.com   电子邮箱   xdupfxb001@163.com
经   销   新华书店
印刷单位   陕西日报社
版   次   2018 年 8 月第 1 版   2019 年 4 月第 2 次印刷
开   本   787 毫米×1092 毫米   1/16   印张   8.875
字   数   207 千字
印   数   1001~3000 册
定   价   25.00 元

  ISBN 978 - 7 - 5606 - 4970 - 2/TM

  XDUP 5272001 - 2

   * * * 如有印装问题可调换 * * *

前言

QIANYAN

电力电子技术是利用电力电子器件进行电能转换的一门技术，近年来发展十分迅速，也是自动化类专业必修的一门课程。本书以项目为驱动，以任务为载体，在安全文明生产的基础上突出高职高专教育的特点，满足高职高专学生的学习需求，提高学生的团队协作能力与分析解决问题的能力。

本书加大了实践教学环节的比例，以便能够更好地培养学生的岗位技能，从而为企业培养出更多的高端技能型人才。编者根据高职院校的办学特点，结合自己近几年实训课教学的经验，编写了本书。本书在编写的过程中，力求达到培养学生实际操作技能及发现问题、分析问题、解决问题的能力，提高学生的团队协作能力及安全文明生产意识。经实践验证，采用这种以项目为驱动的理实一体化教学方法能够充分调动学生学习的积极性，激发学生的学习兴趣。

本书主要分四章，第一章包括安全用电、电工安全操作知识、电气火灾消防知识、触电的危害性与急救、电气设备安全运行知识、文明生产与 6S 管理；第二章包括指针式万用表、数字式万用表、电流表、转速表、双踪示波器；第三章为基本技能训练项目，包括器件特性测试以及电路的接线与调试；第四章为综合训练项目，包括晶闸管整流电路供电的开环直流调速系统的接线与调试、晶闸管整流电路供电的单闭环直流调速系统的接线与调试。

本书由包头职业技术学院的田素娟担任主编，由马越超、徐世卿和王政担任副主编，其中第一章及附录由马越超编写，第二章由徐世卿编写，第三章、第四章的综合训练项目一由田素娟编写，第四章的综合训练项目二由王政编写。全书由田素娟统稿，由具有丰富实践和理论教学经验的包头职业技术学院的马晓宇以及具有丰富实践经验的包钢西创新联公司的魏军担任主审。本书在编写的过程中，还得到了内蒙古北方重工集团技术人员以及内蒙古科技大学教学经验丰富的教授的指导，谨在此表示衷心的感谢。

由于编者水平有限且时间仓促，书中难免有疏漏之处，恳请广大读者批评指正。

编　者

2018 年 3 月

目录
MULU

第一章　安全用电与文明生产

◆ **教学目标**

（1）能识别晶闸管，会用万用表进行晶闸管好坏的判断。

（2）会用万用表对晶闸管进行管脚测试。

（3）掌握晶闸管通断测试电路的接线方法。

（4）了解晶闸管在工程领域中的应用。

（5）了解晶闸管组成电路的基本设计方法。

◆ **能力目标**

（1）具备电工基础的相关理论知识。

（2）会使用元器件的使用手册查找相关信息。

（3）具备独立完成电路接线、调试的能力。

（4）具备根据现象得出结论的能力。

（5）具备很好的团队协作能力。

1.1　安　全　用　电

安全用电包括供电系统的安全、用电设备的安全及人身安全三个方面，它们之间又是紧密联系的。供电系统的故障可能导致用电设备的损坏或人身伤亡事故，而用电事故也可能导致局部或大范围停电，甚至造成严重的社会灾难。

在用电过程中，必须特别注意电气安全。如果稍有麻痹或疏忽，就可能造成严重的人身触电事故，或者引起火灾或爆炸，给国家和人民带来极大的损失。

1. 安全电压

交流工频安全电压的上限值规定：在任何情况下，两导体间或任一导体与地之间都不得超过 50 V。我国安全电压的额定值为 42 V、36 V、24 V、12 V、6 V。例如，手提照明灯、危险环境下的携带式电动工具，应采用 36 V 安全电压；金属容器内、隧道内、矿井内等工作场合，以及狭窄、行动不便及周围有大面积接地导体的环境，应采用 12 V 或 24 V 安全电压，以防止因触电而造成人身伤害。

2. 安全距离

为了保证电气工作人员在电气设备运行操作、维护检修时不致误碰带电体，规定了电气工作人员离带电体的安全距离；为了保证电气设备在正常运行时不会发生击穿短路事故，规定了带电体离附近接地物体和不同相带电体之间的安全距离。

安全距离主要有以下几方面内容：

（1）设备带电部分到接地部分和设备不同相带电部分之间的安全距离，如表 1-1-1 所示。

（2）设备带电部分到各种遮栏间的安全距离，如表 1-1-2 所示。

（3）无遮栏裸导体到地面间的安全距离，如表 1-1-3 所示。

（4）工作人员在设备维修时与设备带电部分间的安全距离，如表 1-1-4 所示。

表 1-1-1　各种不同电压等级的安全距离

设备额定电压/kV		1～3	6	10	35	60	110①	220①	330①	500①
带电部分到接地部分/mm	屋内	75	100	125	300	550	850	1800	2600	3800
	屋外	200	200	200	400	650	900	1800	2600	3800
不同相带电部分之间/mm	屋内	75	100	125	300	550	900	—	—	—
	屋外	200	200	200	400	650	1000	2000	2800	4200

注：① 中性点直接接地系统。

表 1-1-2　设备带电部分到各种遮栏间的安全距离

设备额定电压/kV		1～3	6	10	35	60	110①	220①	330①	500①
带电部分到遮栏/mm	屋内	825	850	875	1050	1300	1600	—	—	—
	屋外	950	950	950	1150	1350	1650	2550	3350	4500
带电部分到网状遮栏/mm	屋内	175	200	225	400	650	950	—	—	—
	屋外	300	300	300	500	700	1000	1900	2700	5000
带电部分到板状遮栏/mm	屋内	105	130	155	330	580	880	—	—	—

注：① 中性点直接接地系统。

表 1-1-3　无遮栏裸导体到地面间的安全距离

设备额定电压/kV		1～3	6	10	35	60	110①	220①	330①	500①
无遮栏裸导体到地面间的安全距离/mm	屋内	2375	2400	2425	2600	2850	3150	—	—	—
	屋外	2700	2700	2700	2900	3100	3400	4300	5100	7500

注：① 中性点直接接地系统。

表 1-1-4　工作人员与带电设备间的安全距离

设备额定电压/kV	10 及以下	20～35	44	60	110	220	330
设备不停电时的安全距离/mm	700	1000	1200	1500	1500	3000	4000
工作人员工作时正常活动范围与带电设备的安全距离/mm	350	600	900	1500	1500	3000	4000
带电作业时人体与带电体之间的安全距离/mm	400	600	600	700	1000	1800	2600

3. 绝缘安全用具

绝缘安全用具是保证工作人员安全操作带电体及在人体与带电体安全距离不够时所采取的绝缘防护工具。绝缘安全用具按使用功能可分为绝缘操作用具和绝缘防护用具。

1) 绝缘操作用具

绝缘操作用具主要是指用来进行带电操作、测量和进行其他需要直接接触电气设备的特定工作的工作用具。常用的绝缘操作用具一般有绝缘操作杆、绝缘夹钳等，如图1-1-1、图1-1-2所示。这些操作用具均由绝缘材料制成。

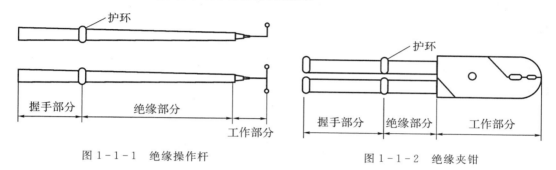

图1-1-1　绝缘操作杆　　　　　　　图1-1-2　绝缘夹钳

正确使用绝缘操作用具，应注意以下两点：

（1）绝缘操作用具本身必须具备合格的绝缘性能和机械强度。

（2）只能在与其绝缘性能相适应的电气设备上使用。

2) 绝缘防护用具

绝缘防护用具能对可能发生的有关电气伤害起到防护作用，主要用于对泄漏电流、接触电压、跨步电压和其他接近电气设备存在的危险等进行防护。常用的绝缘防护用具有绝缘手套、绝缘鞋、绝缘隔板、绝缘垫、绝缘站台等，如图1-1-3所示。当绝缘防护用具的绝缘强度足以承受设备的运行电压时，才可以用来直接接触运行的电气设备，一般不直接触及带电设备。使用绝缘防护用具时，必须做到使用合格的绝缘用具，并掌握正确的使用方法。

（a）　　　　　　（b）　　　　　　（c）　　　　　　（d）

图1-1-3　绝缘防护用具

（a）绝缘手套；（b）绝缘鞋；（c）绝缘垫；（d）绝缘站台

1.2　电工安全操作知识

电工安全操作知识如下：

（1）在进行电工安装与维修操作时，必须严格遵守各种安全操作规程，不得玩忽职守。

（2）进行电工操作时，要严格遵守停、送电操作规定，确实做好突然送电的各项安全措施，不准进行约时送电。

（3）在邻近带电部分进行电工操作时，一定要保持可靠的安全距离。

（4）严禁采用一线一地、两线一地、三线一地（指大地）安装用电设备和器具。

（5）在一个插座或灯座上不可引接功率过大的用电器具。

（6）不可用潮湿的手去触碰开关、插座和灯座等用电装置，更不可用湿抹布去揩抹电气装置和用电器具。

（7）操作工具的绝缘手柄、绝缘鞋和手套的绝缘性能必须良好，并作定期检查。登高工具必须牢固可靠，也应对其作定期检查。

（8）在潮湿环境中使用移动电器时，一定要采用 36 V 安全低压电源。在金属容器（如锅炉、蒸发器或管道等）内使用移动电器时，必须采用 12 V 安全电源，并应有人在容器外监护。

（9）发现有人触电，应立即断开电源，采取正确的抢救措施抢救触电者。

1.3　电气火灾消防知识

1. 电气火灾的主要原因

电气火灾是指由电气原因引发燃烧而造成的灾害。短路、过载、漏电等电气事故都有可能导致火灾。设备自身缺陷、施工安装不当、电气接触不良，雷击静电引起的高温、电弧和电火花是导致电气火灾的直接原因。周围存放易燃、易爆物是电气火灾的环境条件。

电气火灾产生的直接原因有：

（1）设备或线路发生短路故障。电气设备由于绝缘损坏、线路年久失修、工作疏忽大意、操作失误及设备安装不合格等将造成短路故障，其短路电流可达正常电流的几十倍甚至上百倍，产生的热量（正比于电流的平方）使得温度上升并超过自身和周围可燃物的燃点时会引起燃烧，从而导致火灾。

（2）过载引起电气设备过热。选用线路或设备不合理，线路的负载电流量超过了导线额定的安全载流量，电气设备长期超载（超过额定负载能力），引起线路或设备过热而导致火灾。

（3）接触不良引起过热。接头连接不牢或不紧密、动触点压力过小等使接触电阻过大，在接触部位发生过热而引起火灾。

（4）通风散热不良。大功率设备缺少通风散热设施或通风散热设施损坏造成过热而引发火灾。

（5）电器使用不当。例如，电炉、电熨斗、电烙铁等未按要求使用，或用后忘记断开电源，引起过热而导致火灾。

（6）电火花和电弧。有些电气设备正常运行时就能产生电火花、电弧，例如大容量开关，接触器触点的分、合操作，都会产生电弧和电火花。电火花温度可达数千度，遇可燃物便可点燃，遇可燃气体便会发生爆炸。

2. 易燃、易爆环境

日常生活和生产的各个场所中，广泛存在着易燃、易爆物质，例如石油液化气、煤气、天然气、汽油、柴油、酒精、棉、麻、化纤织物、木材、塑料等；另外一些设备本身可能会产生易燃、易爆物质，例如设备的绝缘油在电弧作用下分解和气化，喷出大量油雾和可燃气体，酸性电池排出氢气并形成爆炸性混合物等。一旦这些易燃、易爆物质遇到电气设备和线路故障导致的火源，便会立刻着火燃烧。

3. 电气火灾的防护措施

电气火灾的防护措施主要致力于消除隐患，提高用电安全，具体措施如下：

（1）正确选用保护装置，防止电气火灾发生。

① 对正常运行条件下可能产生电热效应的设备采用隔热、散热、强迫冷却等结构，并注重耐热、防火材料的使用。

② 按规定要求设置包括短路、过载、漏电保护设备的自动断电保护，并对电气设备和线路正确设置接地、接零保护，为防雷电需要安装避雷器及接地装置。

③ 根据使用环境和条件正确设计、选择电气设备。恶劣的自然环境和有导电尘埃的地方应选择有抗绝缘老化功能的产品，或增加相应的措施；对于易燃、易爆场所，则必须使用防爆电气产品。

（2）正确安装电气设备，防止电气火灾发生。

① 合理选择安装位置。对于爆炸危险场所，应该考虑把电气设备安装在爆炸危险场所以外或爆炸危险性较小的部位。

开关、插座、熔断器、电热器具、电焊设备和电动机等应根据需要，尽量避开易燃物或易燃建筑构件。起重机滑触线下方，不应堆放易燃品。露天变、配电装置，不应设置在易于沉积可燃性粉尘或纤维的地方。

② 保持必要的防火距离。对于在正常工作时能够产生电弧或电火花的电气设备，应使用灭弧材料将其全部隔围起来，或用耐弧材料将其与可能被引燃的物料隔开或与可能引起火灾的物料之间保持足够的距离，以便安全灭弧。

安装和使用有局部热聚焦或热集中的电气设备时，在局部热聚焦或热集中的方向上，电气设备与易燃物料必须保持足够的距离，以防引燃。

电气设备周围的防护屏障材料，必须能承受电气设备产生的高温（包括故障情况下）；应根据具体情况选择不可燃、阻燃材料或在可燃性材料表面喷涂防火涂料。

（3）保持电气设备的正常运行，防止电气火灾发生。注意事项如下：

① 正确使用电气设备，是保证电气设备正常运行的前提。因此，应按设备使用说明书的规定操作电气设备，严格执行操作规程。

② 保持电气设备的电压、电流、温升等不超过允许值；保持各导电部分连接可靠，接地良好。

③ 保持电气设备的绝缘良好，保持电气设备的清洁，保持良好通风。

4. 电气火灾的扑救

发生火灾，应立即拨打"119"火警电话报警，向公安消防部门求助。扑救电气火灾时，应注意触电危险。为此，要及时切断电源，通知电力部门派人到现场指导和监护扑救工作。

1）正确选择、使用灭火器

在扑救尚未确定断电的电气火灾时，应选择适当的灭火器和灭火装置，否则，有可能造成触电事故和更大危害，如使用普通水枪射出的直流水柱和泡沫灭火器射出的导电泡沫会破坏绝缘。常用电气灭火器的主要性能及使用、保养和检查如表 1-3-1 所示。

表 1-3-1 常用电气灭火器的主要性能及使用、保养和检查

种类	二氧化碳	四氯化碳	干粉	1211	泡沫
规格	<2 kg 2~3 kg 5~7 kg	<2 kg 2~3 kg 5~8 kg	8 kg 50 kg	1 kg 2 kg 3 kg	10 L 65~130 L
药剂	液态二氧化碳	液态四氯化碳	钾盐、钠盐	二氟一氯、一溴甲烷	碳酸氢钠、硫酸铝
导电性	无	无	无	无	有
灭火范围	电气设备、仪器、油类、酸类	电气设备	电气设备、石油、油漆、天然气	油类、电气设备、化工、化纤原料	油类及可燃物体
不能扑救的物质	钾、钠、镁、铝等	钾、钠、镁、乙炔、二氧化碳	旋转电机火灾		忌水和带电物体
效果	距着火点 3 m 距离	3 kg 喷 30 s，喷射范围 7 m 内	8 kg 喷 14~18 s，喷射范围 4.5 m 内；50 kg 喷 50~55 s，喷射范围 6~8 m	1 kg 喷 6~8 s，喷射范围 2~3 m 内	10 L 喷 60 s，喷射范围 8 m 内；65 L 喷 170 s，喷射范围 13.5 m 内
使用	一只手将喇叭口对准火源，另一只手打开开关	扭动开关，喷出液体	提起圈环，喷出干粉	拔下铅封或横锁，用力压压把即可	倒置摇动，拧开开关，喷药剂
保养和检查	置于方便处，注意防冻、防晒和使用期	置于方便处	置于干燥通风处，防潮、防晒	置于干燥处，勿摔碰	置于方便处
	每月测量一次，低于原重量 1/10 时应充气	检查压力，注意充气	每年检查一次干粉是否结块，每半年检查一次压力	每年检查一次重量	每年检查一次，若泡沫发生倍数低于 4 倍，则应换药剂

使用四氯化碳灭火器灭火时，灭火人员应站在上风侧，以防中毒；灭火后，空间内要注意通风。使用二氧化碳灭火时，当其浓度达 85% 时，人就会感到呼吸困难，此时要注意防止窒息。

2）正确使用喷雾水枪

带电灭火时，使用喷雾水枪比较安全，其原因是这种水枪通过水柱的泄漏电流较小。用喷雾水枪灭电气火灾时，水枪喷嘴与带电体的距离可参考以下数据：

10 kV 及以下者不小于 0.7 m；

35 kV 及以下者不小于 1 m；

110 kV 及以下者不小于 3 m；

220 kV 不应小于 5 m。

带电灭火时必须有人监护。

3）灭火器的保管

灭火器在不使用时，应注意对它的保管与检查，保证随时可正常使用。其具体保养和检查已在表 1-3-1 中列出。

1.4　触电的危害性与急救

人体是导电体。一旦有电流通过，人体将会受到不同程度的伤害。由于触电的种类、方式及条件的不同，受伤害的后果也不一样。

1. 触电的种类

触电是指电流以人体为通路，使身体一部分或全身受到电的刺激或伤害。触电可分为电击和电伤两种。

电击是指电流使人体内部器官受到损害。人触电时肌肉发生收缩，如果触电者不能迅速摆脱带电体，电流将持续通过人体，最后人体会因神经系统受到损害，使心脏和呼吸器官停止工作而死亡。所以电击危险性最大，而且也是经常遇到的一种伤害。

电伤是指因电弧或熔丝熔断时，飞溅的金属等对人体造成的外部伤害，如烧伤、金属沫溅伤等。电伤的危险虽不像电击那样严重，但也不容忽视。

触电对人体的伤害程度取决于通过人体电流的大小。观察：人体通过 1 mA 的工频电流时就有不舒服的感觉，通过 50 mA 时就有生命危险，而达到 100 mA 时就足以使人死亡。

通过人体电流的大小又与人体电阻和人体所触及的电压有关。人体电阻是个变数，它与皮肤潮湿或是否有污垢有关，一般从 800 欧到几万欧不等。如果人体电阻按 800 Ω 计算，通过人体电流不超过 50 mA 为限，则算得安全电压为 40 V。所以，在一般情况下，规定 36 V 以下为安全电压，对潮湿的地面或井下安全电压的规定就更低，如 24 V、12 V。

2. 触电原因

触电的原因很多，通常可归纳为以下三种：

（1）忽视安全操作，违章冒险；

（2）缺乏安全用电的基本常识；

（3）输电或电气设备绝缘损坏，人体无意间触及带电裸露导线或金属外壳。

3. 触电方式

1）单相触电

单相触电是常见的触电方式。所谓单相触电，是指人体的某一部分接触带电体的同时，另一部分又与大地或中性线相接，电流从带电体流经人体到大地（或中性线）形成回路，如图 1-4-1 所示。

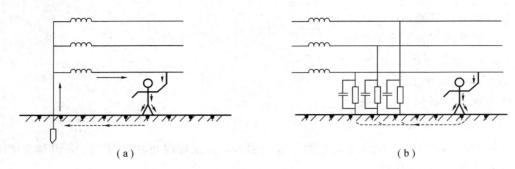

图 1-4-1 单相触电

(a) 中性点直接接地；(b) 中性点不直接接地

2) 两相触电

人体的不同部分同时接触两相电源时造成的触电。对于这种情况，无论电网中性点是否接地，人体所承受的线电压将比单相触电时高，危险更大。

3) 跨步电压触电

雷电先流入地或电力线（特别是高压线）而后散布到地面，会在导线接地点及周围形成强电场。当人畜跨进这个区域，两脚之间出现的电位差称为跨步电压 U_{Tm}。在这种电压作用下，电流从接触高电位的脚流进，从接触低电位的脚流出，从而形成触电，如图 1-4-2(a) 所示。跨步电压的大小取决于人体站立点与接地点的距离，距离越小，其跨步电压越大。当距离超过 20 m（理论上为无穷远处），可认为跨步电压为零，不会发生触电危险。

4) 接触电压触电

电气设备由于绝缘损坏或其他原因造成接地故障，如人体两个部分（手和脚）同时接触设备外壳和地面时，人体两部分会处于不同的电位，其电位差即为接触电压，由接触电压造成触电事故称为接触电压触电。在电气安全技术中，接触电压是以人站立在距漏电设备接地点水平距离为 0.8 m 处，手触及的漏电设备外壳距地 1.8 m 高，手脚间的电位差 U_T 作为衡量基准，如图 1-4-2(b) 所示。接触电压值的大小取决于人体站立点与接地点的距离，距离越远，则接触电压值越大；当距离超过 20 m 时，接触电压值最大，即等于漏电设备上的电压 U_{Tm}；当人体所站的接地点与漏电设备接触时，接触电压为零。

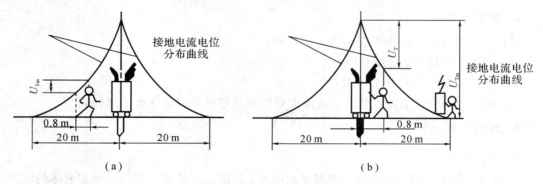

图 1-4-2 跨步电压触电和接触电压触电

（a）跨步电压触电；（b）接触电压触电

5）感应电压触电

感应电压触电是指当人触及带有感应电压的设备和线路时所造成的触电事故。一些不带电的线路由于大气变化（如雷电活动），会产生感应电荷，停电后一些可能感应电压的设备和线路如果未及时接地，这些设备和线路对地均存在感应电压。

6）剩余电荷触电

剩余电荷触电是指当人体触及带有剩余电荷的设备时，对人体放电造成的触电事故。带有剩余电荷的设备通常含有储能元件，如并联电容器、电力电缆、电力变压器及大容量电动机等，在退出运行和对其进行类似摇表测量等检修后，会带上剩余电荷，因此要及时对其放电。

4．影响电流对人体危害程度的主要因素

电流对人体伤害的严重程度与通过人体电流的大小、频率、持续时间，以及通过人体的路径及人体电阻的大小等多种因素有关。

1）电流大小

通过人体的电流越大，人体的生理反应就越明显，感应越强烈，引起心室颤动所需的时间越短，致命的危险越大。

对于工频交流电，按照通过人体电流的大小和人体所呈现的不同状态，大致分为下列三种。

（1）感觉电流：是指引起人体感觉的最小电流。实验表明，成年男性的平均感觉电流约为 1.1 mA，成年女性约为 0.7 mA。感觉电流不会对人体造成伤害，但电流增大时，人体反应会变得强烈，可能造成坠落等间接事故。

（2）摆脱电流：是指人体触电后能自主摆脱电源的最大电流。实验表明，成年男性的平均摆脱电流约为 16 mA，成年女性的约为 10 mA。

（3）致命电流：是指在较短的时间内危及生命的最小电流。实验表明，当通过人体的电流达到 50 mA 以上时，心脏会停止跳动，故可能导致死亡。

2）电流频率

一般认为 40～60 Hz 的交流电对人体最危险。随着频率的增高，危险性将降低。高频电流不仅不伤害人体，还能治病。

3）通电时间

通电时间越长，电流使人体发热和人体组织的电解液成分增加，导致人体电阻降低；反过来，人体电阻降低又使得通过人体的电流增加，触电的危险亦随之增加。

4）电流路径

电流通过头部可使人昏迷；通过脊髓可能导致瘫痪；通过心脏会造成心跳停止，血液循环中断；通过呼吸系统会造成窒息。因此，从左手到胸部是最危险的电流路径，从手到手、从手到脚也是很危险的电流路径，从脚到脚是危险性较小的电流路径。

5．触电急救

触电急救的要点是要动作迅速，救护得法，切不可惊慌失措、束手无策。

1）触电者脱离电源的方法

视频1 触电及人工急救.mp4

人触电以后，可能由于痉挛或失去知觉等原因而紧抓带电体，不能自行摆脱电源。这时，使触电者尽快脱离电源是救活触电者的首要因素。

（1）低压触电事故：对于低压触电事故，可采用下列方法使触电者脱离电源。

① 触电地点附近有电源开关或插头，可立即断开开关或拔掉电源插头，切断电源。

② 电源开关远离触电地点，可用有绝缘柄的电工钳或干燥木柄的斧头分相切断电线，断开电源，或将干木板等绝缘物插入触电者身下，以隔断电流。

③ 电线搭落在触电者身上或被压在身下时，可用干燥的衣服、手套、绳索、木板、木棒等绝缘物作为工具，拉开触电者或挑开电线，使触电者脱离电源。

（2）高压触电事故：对于高压触电事故，可以采用下列方法使触电者脱离电源。

① 立即通知有关部门停电。

② 戴上绝缘手套，穿上绝缘靴，用相应电压等级的绝缘工具断开开关。

③ 抛掷裸金属线使线路短路接地，迫使保护装置动作，断开电源。注意在抛掷金属线前，应将金属线的一端可靠接地，然后抛掷另一端。

（3）脱离电源的注意事项。

① 救护人员不可以直接用手或其他金属及潮湿的物件作为救护工具，而必须采用适当的绝缘工具且单手操作，以防止自身触电。

② 防止触电者脱离电源后，可能造成的摔伤。

③ 如果触电事故发生在夜间，应当迅速解决临时照明问题，以利于抢救，并避免扩大事故。

2）现场急救方法

当触电者脱离电源后，应当根据触电者的具体情况，迅速地对症进行救护。

（1）对症进行救护。触电者需要救治时，大体上按照以下三种情况分别处理：

① 如果触电者伤势不重，神志清醒，但是有些心慌、四肢发麻、全身无力，或者触电者在触电的过程中曾经一度昏迷，但已经恢复清醒。在这种情况下，应当使触电者安静休息，不要走动，严密观察，并请医生前来诊治或送往医院。

② 如果触电者伤势比较严重，已经失去知觉，但仍有心跳和呼吸，这时应当使触电者舒适、安静地平卧，保持空气流通。同时，解开他的衣服，以利于呼吸。如果天气寒冷，要注意保温，并要立即请医生诊治或送医院。

③ 如果触电者伤势严重，呼吸停止或心脏停止跳动或两者都已停止，则应立即实行口对口人工呼吸和胸外心脏挤压，并迅速请医生诊治或送往医院。

应当注意，急救要尽快进行，不能等候医生的到来，在送往医院的途中，也不能中止急救。

（2）口对口人工呼吸法：在触电者呼吸停止后应用的急救方法。具体步骤如下：

① 触电者仰卧，迅速解开其衣领和腰带。

② 触电者头偏向一侧，清理口腔中的异物，使其呼吸畅通。必要时，可用金属匙柄由

口角伸人，使口张开。

③ 救护者站在触电者的一边，一只手捏紧触电者的鼻子，一只手托在触电者颈后，使触电者颈部上抬，头部后仰，然后深吸一口气，用嘴紧贴触电者嘴，大口吹气，接着放开触电者的鼻子，让气体从触电者肺部排出。每 5 s 吹气一次，不断重复地进行，直到触电者苏醒为止，如图 1－4－3 所示。

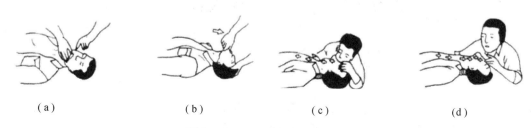

（a）　　　　　　　（b）　　　　　　　（c）　　　　　　　（d）

图 1－4－3　口对口人工呼吸法

（a）清理口腔异物；（b）让头后仰；（c）贴嘴吹气；（d）放开嘴鼻换气

对儿童施行此法时，不必捏鼻。开口困难时，可以使其嘴唇紧闭，对准鼻孔吹气（即口对鼻人工呼吸），效果相似。

（3）胸外心脏挤压法：触电者心脏跳动停止后采用的急救方法，具体操作步骤如图1－4－4 所示。

① 触电者仰卧在结实的平地或木板上，松开衣领和腰带，使其头部稍后仰（颈部可枕垫软物），抢救者跪跨在触电者腰部两侧。

② 抢救者将右手掌放在触电者胸骨处，中指指尖对准其颈部凹陷的下端，左手掌复压在右手背上（对儿童可用一只手），如图 1－4－4（b）所示。

③ 抢救者借身体重量向下用力挤压，压下 3～4 cm，突然松开，如图 1－4－4（d）所示。挤压和放松动作要有节奏，每秒钟进行一次，每分钟宜挤压 60 次左右，不可中断，直至触电者苏醒为止。要求挤压定位要准确，用力要适当，防止用力过猛给触电者造成内伤和用力过小挤压无效。对儿童用力要适当小些。

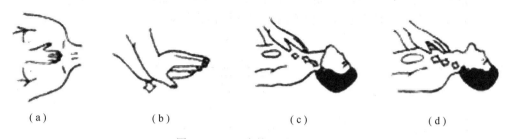

（a）　　　　　　　（b）　　　　　　　（c）　　　　　　　（d）

图 1－4－4　胸外心脏挤压法

（a）手掌位置；（b）左手掌复压在右手背上；（c）掌根用力压下；（d）突然松开

（4）触电者呼吸和心跳都停止时，允许同时采用"口对口人工呼吸法"和"胸外心脏挤压法"。单人救护时，可先吹气 2～3 次，再挤压 10～15 次，交替进行；双人救护时，每 5 s吹气一次，每秒钟挤压一次，两人同时进行操作，如图 1－4－5 所示。

抢救既要迅速又要有耐心，即使在送往医院途中也不能停止急救。此外不能给触电者打强心针、泼冷水或压木板等。

图 1-4-5　无心跳无呼吸触电者急救

（a）单人操作；（b）双人操作

1.5　电气设备安全运行知识

1. 接地

1）接地的基本概念

接地是将电气设备或装置的某一点（接地端）与大地之间做符合技术要求的电气连接，其目的是利用大地为正常运行、绝缘损坏或遭受雷击等情况下的电气设备提供对地电流流通回路，保证电气设备和人身的安全。

2）接地装置

接地装置由接地体和接地线两部分组成，如图 1-5-1 所示。接地体是埋入大地中并和大地直接接触的导体组，它分为自然接地体和人工接地体。自然接地体是利用与大地有可靠连接的金属构件、金属管道、钢筋混凝土建筑物的基础等作为接地体的。人工接地体是用型钢如角钢、钢管、扁钢、圆钢制成的。人工接地体一般有水平敷设和垂直敷设两种。电气设备或装置的接地端与接地体相连的金属导线称为接地线。

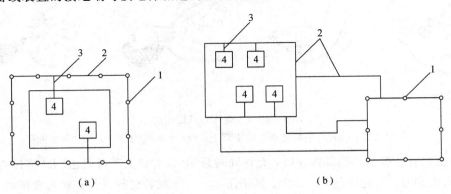

1—接地体；2—接地干线；3—接地支线；4—电气设备

图 1-5-1　接地装置示意图

（a）回路式；（b）外引式

3）中性点与中性线

星形连接的三相电路中，三相电源或负载连在一起的点称为三相电路的中性点。由中性点引出的线称为中性线，用 N 表示。

4）零点与零线

当三相电路中性点接地时，该中性点称为零点。由零点引出的线称为零线。

2. 电气设备接地的种类

1）工作接地

为了保证电气设备的正常工作，将电路中的某一点通过接地装置与大地可靠地连接，称为工作接地。例如，变压器低压侧的中性点，电压互感器和电流互感器的二次侧某一点接地等，其作用都是为了降低人体的接触电阻。

供电系统中电源变压器中性点的接地称为中性点直接接地系统；中性点不接地的称为中性点不接地系统。中性点接地系统中，一相短路，其他两相的对地电压为相电压。中性点不接地系统中，一相短路，其他两相的对地电压接近线电压。

2）保护接地

保护接地是将电气设备正常情况下不带电的金属外壳通过接地装置与大地可靠连接，其原理如图 1-5-2 所示。当电气设备不接地时，如图 1-5-2(a)所示，若绝缘损坏，一相电源碰壳，电流经过人体电阻 R_r、大地和线路对地绝缘电阻 R_j 构成的回路时，由于线路绝缘电阻的损坏，故电阻 R_j 变小，流过人体的电流增大，便会触电。当电气设备接地时，如图 1-5-2(b)所示，虽有一相电源碰壳，但由于人体电阻 R_r 远大于接地电阻 R_d（一般为几欧），所以通过人体的电流 I_r 极小，流过接地装置的电流 I_d 则很大，从而保证了人体安全。

保护接地适用于中性点不接地或不直接接地的电网系统。

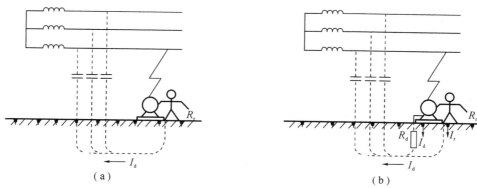

图 1-5-2 保护接地原理

（a）未加保护接地；（b）有保护接地

3）保护接零

在中性点直接接地系统中，把电气设备金属外壳等与电网中的零线作可靠的电气连接，称为保护接零。保护接零可以起到保护人身和设备安全的作用，其原理如图 1-5-3(b)所示。当一相绝缘损坏碰壳时，由于外壳与零线连通，形成相对该零线的单相短路，短路电流使线路上的保护装置(如熔断器、低压断路器等)迅速动作,切断电源,消除触电危险。对于未接零设备,对地短路电流不一定能使线路保护装置迅速可靠动作,如图 1-5-3(a)所示。

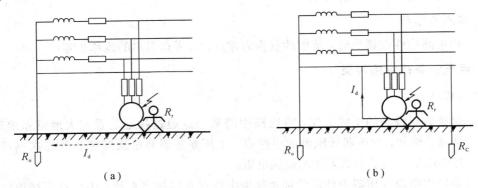

图 1-5-3 保护接零原理
(a)未接零;(b)接零后

3. 电气设备安全运行措施

电气设备安全运行措施如下:

(1)必须严格遵守操作规程,合上电流时,先合隔离开关,再合负荷开关;分断电流时,先断负荷开关,再断隔离开关。

(2)电气设备一般不能受潮,在潮湿场合使用时,要有防雨水和防潮措施。电气设备工作时会发热,应有良好的通风散热条件和防火措施。

(3)所有电气设备的金属外壳应有可靠的保护接地。电气设备运行时,可能会出现故障,所以应有短路保护、过载保护、欠压和失压保护等保护措施。

(4)凡有可能被雷击的电气设备,都要安装防雷措施。

(5)对电气设备要做好安全运行检查工作,对出现故障的电气设备和线路应及时检修。

国标规定:

L——相线;

N——中性线;

PE——保护接地线;

PEN——保护中性线,兼有保护线和中性线的作用。

4. 重复接地

三相四线制的零线在一处或多处经接地装置与大地再次连接的情况称为重复接地。对 1 kV 以下的接零系统,重复接地的接地电阻不应大于 10 Ω。重复接地的作用是:降低三相不平衡电路中零线上可能出现的危险电压,减轻单相接地或高压串入低压的危险。

5. 其他保护接地

(1)过电压保护接地:为了消除雷击或过电压的危险影响而设置的接地。

(2)防静电接地:为了消除生产过程中产生的静电而设置的接地。

(3)屏蔽接地:为了防止电磁感应而对电力设备的金属外壳、屏蔽罩、屏蔽线的外皮或建筑物金属屏蔽体等进行的接地。

6. 安全用电注意事项

安全用电注意事项如下：

（1）电气设计、安装和检查必须遵照有关规范进行。检查电气设备或更换熔丝时，要先切断电源，并在电源开关处挂上"严禁合闸"的警告牌；在没有采取足够安全措施的情况下，严禁带电作业。

（2）使用各种电气设备，应采取相应的安全措施。

（3）电热设备应远离易燃物，用完应立即断开电源。

（4）判断电线或用电设备是否带电，必须用验电器检查判断（如 250 V 以下可用测电笔），不允许用手去摸试。

（5）当电灯开关接在火线上，并用螺旋式灯头时，不可把火线接在螺旋套相连的接线柱上。

（6）电线或电气设备失火时，应迅速切断电源。在带电状态下，只能用黄沙、二氧化碳灭火器和 1211 灭火器进行灭火。

（7）发现有人触电时，应首先使触电者脱离电源，然后进行现场抢救。

1.6　文明生产与 6S 管理

1. 文明生产

文明生产主要是指要创造一种规范安全、清洁明亮、秩序井然、能稳定人情绪、符合最佳布局的良好环境，使操作者养成依照标准程序和工艺要求进行认真操作的职业规范。因此，要将 6S 管理理念贯穿到电力电子技术实训教学过程中，通过标准作业，提高实训效果，在学生掌握技能的同时，提高安全规范意识，培养学生职业素养。

视频2 文明生产.mp4

2. 电力电子技术 6S 管理

为使 6S 管理理念更好地融入到实训教学工程中，我们根据学生实际情况并结合本课程特点，制定了以下管理方针。

（1）整理：严格禁止学生将早饭等带入实训场所，保障实训场所通道畅通，无障碍物。实训课前，班长负责提醒组员将实训工具等用品按规定摆放位置摆好。

（2）整顿：按照实训教师的要求，确定物品放置场所，标明放置场所位置，提出物品摆放要求，确定每组管理人，定期检查。

（3）清扫：上、下午实训结束前 10 分钟需清扫实训区域，包括实训设备、桌椅、地面。不得借口下次再来打扫，应养成随时清扫的习惯。实训场地整体清扫工作也应如此操作。

（4）清洁：工、量具每次用完均需擦净，按时保养，防止生锈。设备中有大量的电器元件，常常会由于雨天潮湿和灰尘等因素导致元件受到腐蚀或造成元件间的短路，引起非设定的故障，所以应当及时清洁。若设备长时间闲置，则应封存。

（5）素养：强化安全操作规程的教育，每次实训课前，学生需穿实训服才能进实训室。学生需做到不迟到、不早退、不旷课，严禁串岗。

（6）安全：学生必须接受安全教育，牢记安全用电知识、消防知识、电工人身安全知识、设备安全操作规程及触电急救知识。不得带其他班级的学生进入电气实训场所，严禁串岗或擅离岗位。未经实训教师同意，严禁私自开启有关设备电源，严禁用金属丝(如铅丝)绑扎电源线，严禁用潮湿的手接触开关、插座及有金属外壳的设备，严禁用湿布揩抹上述电器。堆放物资、安装其他设施或搬移各种物体时，必须与带电设备或带电导体相隔一定的安全距离，应警钟长鸣，确保实训安全进行。

(7) 实训效果评价：每个项目实训完成后，都要进行集中总结，先由学生对所在小组的工作成果进行总结，再由指导教师和其他组学生对其实训效果进行点评和总结，最后认真填写任务单和评价单，完成实训教师布置的一切任务。

第二章　仪器仪表的使用及日常维护

2.1　指针式万用表

◆ **教学目标**

（1）了解指针式万用表的工作原理、结构和种类。

（2）了解 MF-47 型指针式万用表的结构及特点。

（3）掌握 MF-47 型指针式万用表各挡位的测量方法。

（4）了解指针式万用表日常使用注意事项。

◆ **能力目标**

（1）具备电工基础的相关理论知识。

（2）会使用元器件的使用手册查找相关信息。

（3）具备独立完成电路接线、调试的能力。

（4）具备根据现象得出结论的能力。

（5）具备很好的团队协作能力。

指针式万用表的最基本的工作原理是利用一只灵敏的磁电式直流电流表（微安表）做表头，当有微小电流通过表头时就会有电流指示。但表头不能通过过大的电流，所以必须在表头上并联与串联一些电阻进行分流与降压，从而测出电路中的电流、电压和电阻。下面对其进行一一介绍。

1. 指针万用表原理

如图 2-1-1 所示，在表头上并联一个适当的电阻（叫做分流电阻）进行分流，就可以扩展电流量程。改变分流电阻的阻值，就能改变电流测量范围。

如图 2-1-2 所示，在表头上串联一个适当的电阻（叫做倍增电阻）进行降压，就可以扩展电压量程。改变倍增电阻的阻值，就能改变电压测量范围。

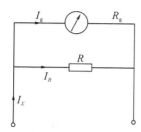

图 2-1-1　分流电阻

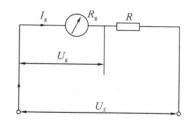

图 2-1-2　倍增电阻

如图 2-1-3 所示，因为表头是直流表，所以测量交流时，需加装一个并串式半波整流电路，将交流进行整流变成直流后再通过表头，这样就可以通过直流电的大小来测量交流电压。扩展交流电压量程的方法与扩展直流电压量程的方法相似。指针式万用表的交流电压挡，普遍采用平均值整流电路。平均值整流电路可分为半波整流（见图2-1-4）和全波整流（见图2-1-5）两种。

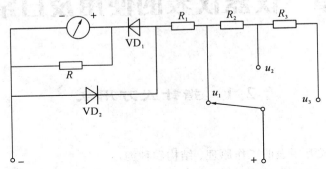

图 2-1-3　表头电路

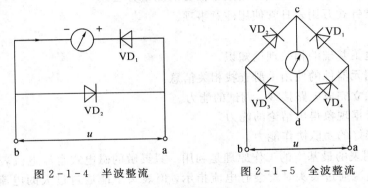

图 2-1-4　半波整流　　　　　　　　　图 2-1-5　全波整流

如图2-1-6所示，在表头上并联和串联适当的电阻，同时串接一节电池，使电流通过被测电阻，根据电流的大小，就可测量出电阻值。改变分流电阻的阻值，就能改变电阻的量程。

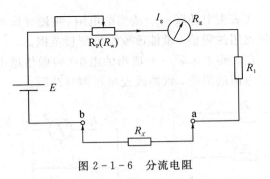

图 2-1-6　分流电阻

2. 指针式万用表的结构和种类

指针式万用表的形式很多，但其基本结构是类似的。指针式万用表的结构主要由表头、转换开关（又称选择开关）、测量线路等三部分组成。

表头采用高灵敏度的磁电式结构，它是测量的显示装置。万用表的表头实际上是一个灵敏电流计。表头上的表盘印有多种符号、刻度线和数值。符号"A－V－Ω"表示这只电表是可以测量电流、电压和电阻的多用表。表盘上印有多条刻度线，其中右端标有"Ω"的是电阻刻度线，其右端为零，左端为∞，刻度值分布是不均匀的。符号"－"或"DC"表示直流。"～"表示交流和直流公用的刻度线。刻度线下的几行数字是与选择开关的不同挡位相对应的刻度值。另外，表盘上还有表示表头参数的符号，如 DC20 kΩ/V 、AC9 kΩ/V 等。表头上还设有机械零位调整旋钮（螺钉），用以矫正指针在左端的指零位。

转换开关用来选择被测电量的种类和量程或倍率。万用表的选择开关是一个多挡位的旋转开关，用来选择测量项目和量程或倍率。一般万用表的测量项目包括："mA（直流电流）"、"V（直流电压）"、"～（交流电流）"、"v（交流电压）"、"Ω（电阻）"。每个测量项目又划分为几个不同的量程或倍率供选择。

测量线路是将不同性质和大小的被测电量转化成表头所能接受的直流电流的。

万用表可以分为指针式万用表、台式数字万用表、便携式数字万用表、笔型数字万用表等。随着技术的发展，人们研制出微机控制的虚拟式万用表，被测物体的物理量通过非电量/电量，将温度等非电量转换成电量，再通过 A/D 转换，由微机显示或输送给控制中心，控制中心通过信号比较做出判断，发出控制信号或者通过 D/A 转换来控制被测物体。

3. MF－47 型万用表的结构及特点

MF－47 型万用表的显示表头是一直流微安电流表，R_{P2} 是电位器，用于调节表头回路中电流的大小。VD_3、VD_4 两个二极管反向并联并与电容并联，用于限制表头两端的电压起保护表头的作用，使表头不因电压、电流过大而烧坏。电阻挡分为 ×1Ω、×10Ω、×100Ω、×1kΩ、×10kΩ 五个量程，当转换开关打到某一个量程时，与某一个电阻形成回路，使表头偏转，测出阻值的大小。

MF－47 型万用表电阻挡的工作原理如图 2－1－7 所示。例如：将挡位开关旋钮打到×1Ω时，外接被测电阻通过"COM"端与公共显示部分连接；通过"＋"端经过 0.5 A 熔断器接到电池，再经过电刷旋钮与 R_{18} 相连，R_{P1} 为电阻挡公用调零电位器，最后与公共显示部分形成回路，使表头偏转测出阻值的大小。

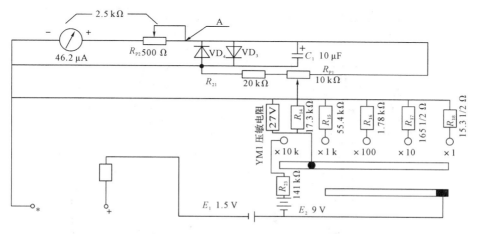

图 2－1－7　MF－47 型万用表电阻挡的工作原理

万用表由机械部分、显示部分与电器部分三大部分组成。机械部分包括外壳、挡位开关旋钮及电刷等；显示部分是表头；电器部分由测量线路板、电位器、电阻、二极管、电容等组成。

MF-47型万用表采用高灵敏度的磁电系整流式表头，造型大方、设计紧凑、结构牢固、携带方便，其零部件均选用优良材料及工艺处理，具有良好的电气性能和机械强度。其特点为

（1）测量机构采用高灵敏度表头，性能稳定。

（2）线路部分保证可靠、耐磨、维修方便。

（3）测量机构采用硅二极管保护，保证过载时不损坏表头，并且线路设有0.5 A保险丝以防误用时烧坏电路。

（4）设计上考虑了湿度和频率补偿。

（5）低电阻挡选用2号干电池，容量大、寿命长，配合高压线路，可测量电视机内25 kV以下高压。

（6）配有晶体管静态直流放大系数检测装置。

（7）表盘标度刻度线与挡位开关旋钮指示盘均为红、绿、黑三色，分别按交流红色、晶体管绿色、其余黑色对应制成。表盘共有七条专用刻度线，刻度分开，便于读数；并配有反光铝膜，消除视差，提高了读数精度。除交直流2500 V和直流5 A分别有单独的插座外，其余只需转动一个选择开关，就可进行轻松的测量。

（8）使用方便且装有提把，不仅便于携带，而且可在必要时作倾斜支撑，便于读数。

4. 元器件的识别与选择

1）二极管极性的判断

判断二极管极性时，可使用万用表，将红表棒插在"＋"，黑表棒插在"－"，将二极管搭接在表棒两端（见图2-1-8）观察万用表指针的偏转情况。如果指针偏向右边，显示阻值很小，则表示二极管与黑表棒连接的为正极，与红表棒连接的为负极。与实物相对照，黑色的一头为正极，白色的一头为负极。也就是说，阻值很小时，与黑表棒搭接的是二极管的正极；反之，如果显示阻值很大，那么与红表棒搭接的是二极管的正极。

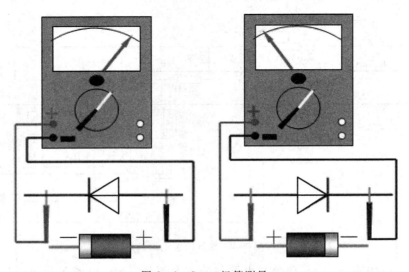

图2-1-8 二极管测量

用万用表判断二极管极性的原理如图2-1-9所示。由于电阻挡中的电池正极与黑表棒相连,这时黑表棒相当于电池的正极,红表棒与电池的负极相连,红表棒相当于电池的负极,因此当二极管正极与黑表棒连通、负极与红表棒连通时,二极管两端被加上了正向电压,二极管导通,显示阻值很小。

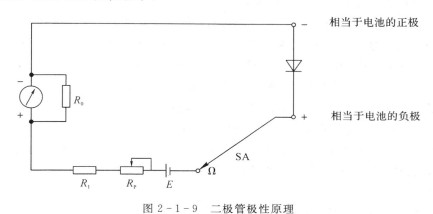

图2-1-9 二极管极性原理

2) 电解电容极性的判断

电容器是一种能储存电荷的容器。它是由两片靠得较近的金属片中间再隔以绝缘物质而组成的。按绝缘材料的不同,可制成各种各样的电容器,如云母、瓷介、纸介、电解电容器等。在构造上,又分为固定电容器和可变电容器。电容器对直流电的阻力无穷大,即电容器具有隔直流作用。电容器对交流电的阻力受交流电频率的影响,即相同容量的电容器对不同频率的交流电呈现不同的容抗,因为电容器是依靠它的充放电功能来工作的。当电源开关S未合上时,电容器的两片金属板和其他普通金属板一样是不带电的。当开关S合上时,电容器正极板上的自由电子便被电源所吸引,并推送到负极板上。由于电容器两极板之间隔有绝缘材料,所以从正极板跑过来的自由电子便在负极板上堆积起来。正极板便因电子减少而带上正电,负极板便因电子逐渐增加而带上负电,电容器两个极板之间便有了电位差。当这个电位差与电源电压相等时,电容器的充电就停止。此时,若将电源切断,则电容器仍能保持充电电压。对已充电的电容器,如果用导线将两个极板连接起来,由于两极板间存在的电位差,电子便会通过导线回到正极板上,直至两极板间的电位差为零,即电容器又恢复到不带电的中性状态,导线中没有电流。总之,加在电容器两个极板上的交流电频率越高,电容器的充放电次数越多,充放电电流也就越强。也就是说,电容器对于频率高的交流电的阻碍作用小,即容抗小;反之,电容器对频率低的交流电产生的容抗就大。对于同一频率的交流电,电容器的容量越大,容抗就越小;容量越小,容抗就越大。

不知道极性的电解电容可用万用表的电阻挡测量其极性。我们知道,只有电解电容的正极接电源正极(电阻挡时的黑表笔)、负端接电源负极(电阻挡时的红表笔)时,电解电容的漏电流才会减小(漏电阻大)。反之,电解电容的漏电流增加(漏电阻减小)。

测量时,先假定某极为"＋"极,让其与万用表的黑表笔相接,另一电极与万用表的红表笔相接,记下表针停止的刻度(表针靠左阻值大),然后将电容器放电(即两根引线碰一下），两只表笔对调，重新进行测量。两次测量中，表针最后停留的位置靠左（阻值大）的那次，黑表笔接的就是电解电容的正极。测量时，最好选用 R×100 或 R×1k 挡。

5. 日常使用注意事项

指针式万用表日常使用注意事项如下：

（1）测量时，不能用手触摸表棒的金属部分，以保证安全和测量的准确性。测电阻时，如果用手捏住表棒的金属部分，会将人体电阻并接于被测电阻而引起测量误差。

（2）测量直流量时，注意被测量的极性，避免反偏打坏表头。不能带电调整挡位或量程，避免电刷的触点在切换过程中产生电弧而烧坏线路板或电刷。

（3）测量完毕后，应将挡位开关旋钮打到交流电压最高挡或空挡。

（4）不允许测量带电的电阻，否则会烧坏万用表。

（5）表内电池的正极与面板上的"－"插孔相连，负极与面板"＋"插孔相连。如果不用时，误将两表棒短接，这样会使电池很快放电并流出电解液，腐蚀万用表，因此不用时应将电池取出。

（6）在测量电解电容和晶体管等器件的阻值时要注意极性。

（7）电阻挡每次换挡都要进行调零。

（8）不允许用万用表电阻挡直接测量高灵敏度的表头内阻，以免烧坏表头。

（9）一定不能用电阻挡测电压，否则会烧坏熔断器或损坏万用表。

2.2 数字式万用表

◆ **教学目标**

（1）了解数字式万用表的工作原理、结构。

（2）了解 VC98 系列数字式万用表的结构及特点。

（3）掌握 VC98 系列数字式万用表各挡位的测量方法。

（4）了解数字式万用表日常使用注意事项。

◆ **能力目标**

（1）具备电工基础的相关理论知识。

（2）会使用元器件的使用手册查找相关信息。

（3）具备独立完成电路接线、调试的能力。

（4）具备根据现象得出结论的能力。

（5）具备很好的团队协作能力。

1. 数字式万用表的结构和工作原理

数字式万用表主要由液晶显示器、模拟（A）/数字（D）转换器、电子计数器、转换开关等组成，其测量过程如图 2-2-1 所示。被测模拟量先由 A/D 转换器转换成数字量，然后通过电子计数器计数，最后把测量结果用数字直接显示在显示器上。可见，数字式万用表的核心是 A/D 转换器。目前，教学、科研领域使用的数字式万用表大都以 ICL7106、ICL7107 大规模集成电路为主芯片。该芯片内部包含双斜积分 A/D 转换器、显示锁存器、七段译码器、显示驱动器等。双斜积分 A/D 转换器是在一个测量周期内用同一个积分器进行两次积分，将被测电压 U_X 转换成与其成正比的时间间隔，在此间隔内填充标准频率的时钟脉冲，用仪器记录的脉冲个数来反映 U_X 的值。

图 2-2-1　数字式万用表测量过程图

双斜积分 A/D 转换器由积分器、零比较器、逻辑控制器、闸门、计数器、电子开关等组成，如图 2-2-2(a) 所示，工作波形如图 2-2-2(b) 所示，具体工作过程如下：

(1) 准备阶段($t_0 \sim t_1$)：逻辑控制电路仅接通电子开关 S_4，此时积分器输入电压 $u_o = 0$ 作为初始状态，电路进入测量前的准备阶段。

(2) 采样阶段($t_1 \sim t_2$)：t_1 时刻，逻辑控制电路接通电子开关 S_1，同时断开 S_4，接入被测电压 U_X（设为负值），积分器对 U_X 进行正向积分，输出电压 u_{o1} 线性增加，同时逻辑控制电路令闸门打开，释放时钟脉冲进入计数器。若计数器的容量为 599，当释放的脉冲个数 $N_1 = 600$ 时，在 t_2 时刻计数器将产生一个进位脉冲，通过逻辑控制电路将开关 S_1 断开，获得时间间隔 T_1。设时钟脉冲的周期 $T_0 = 100~\mu s$，则

$$T_1 = N_1 T_0 = 600 \times 100 \times 10^{-6} = 60~ms$$

显然，T_1 是预先设定的，$t_1 \sim t_2$ 区间是定时积分，u_{o1} 值为

$$u_{o1} = -\frac{1}{RC}\int_{t_1}^{t_2}(-U_X)\mathrm{d}t = -\frac{T_1}{RC}\cdot\frac{1}{T_1}\int_{t_1}^{t_2}(-U_X)\mathrm{d}t \qquad (2-2-1)$$

在 t_2 时刻，

$$u_{o1} = U_{om} = \frac{T_1}{RC}\cdot\overline{U_X} = \frac{T_1}{RC}\cdot U_X \qquad (当 U_X 为直流时)$$

可见，积分器输出电压的最大值 U_{om} 与被测电压 U_X 平均值成正比；u_{o1} 的斜率由 $|U_X|$ 决定，$|U_X|$ 大，充电电流大，斜率陡，U_{om} 的值大。当 $|U_X|$ 减小时，其顶点为 U'_{om}，如图2-2-2(b)中虚线所示。由于是定时积分，因而 U'_{om} 与 U_{om} 在同一直线上。

(3) 比较阶段($t_2 \sim t_3$)：在 t_2 时刻，断开 S_1，闭合 S_2，接入正基准电压 U_N（定值），则积分器从 t_2 开始对 U_N 进行反向积分；同时在 t_2 时刻，计数器清零，闸门开启释放时钟脉冲进入计数器，计数器重新计数并送入寄存器。到 t_3 时刻，积分器输出电压 $u_{o2} = 0$，获得时间间隔 T_2，在此期间有

$$u_{o2} = U_{om} + \left[-\frac{1}{RC}\int_{t_2}^{t_3}(+U_N)\mathrm{d}t\right]$$

在 t_3 时刻，

$$u_{o2} = U_{om} - \frac{T_2}{RC}U_N = 0$$

将 $U_{om} = \dfrac{T_1}{RC}\cdot U_X$ 代入上式，得

$$\frac{T_1}{RC}\cdot U_X = \frac{T_2}{RC}\cdot U_N, \quad 则 \quad U_X = \frac{U_N}{T_1}\cdot T_2 \qquad (2-2-2)$$

因为 U_N、T_1 均为固定值，所以被测电压 U_X 与时间间隔 T_2 成正比。若在 T_2 期间释放

的时钟脉冲个数为 N_2，则 $T_2 = N_2 \cdot T_0$，代入上式得

$$U_X = \frac{U_N}{T_1} \cdot N_2 \cdot T_0 = \frac{U_N}{N_1 T_0} \cdot N_2 \cdot T_0 = \frac{U_N}{N_1} \cdot N_2 \qquad (2-2-3)$$

若在数值上取 $U_N = N_1$(mV)，则 $U_X = N_2$。

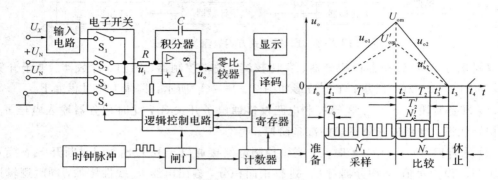

图 2-2-2　双斜积分 A/D 转换器的工作原理及波形

（a）双斜积分 A/D 转换器的工作原理；（b）工作波形

显然，只要参数选择合适，被测电压 U_X(mV 级)就等于在 T_2 时间内填充的脉冲个数。

在 t_3 时刻，$u_{o3} = 0$，零比较器发出信号，通过逻辑控制电路关闭闸门，停止计数，并令寄存器释放脉冲数至译码显示电路，显示出 U_X 的数值。同时断开 S_2，合上 S_4，电容 C 放电，进入休止阶段($t_3 \sim t_4$)，为下一个测量周期做准备，并自动转入第二个测量周期。

由此可见，双斜积分数字式万用表的工作原理是：在一个测量周期内，首先对被测直流电压 U_X 在限定时间 T_1 内进行定时积分，然后切换积分器的输入电压 U_N($-U_X$ 时选 $+U_N$；$+U_X$ 时选 $-U_N$)，对 U_N 进行与上述方向相反的定值积分，直到积分器输出电压等于 0 为止，从而把被测电压 U_X 变换成反向积分的时间间隔 T_2，再利用脉冲计数法对此间隔进行数字编码，得出被测电压的数值。整个过程经过两次积分，将被测电压模拟量 U_X 变换成与之成正比的计数脉冲个数 U_N，从而完成了 A/D 转换。

2. VC98 系列数字式万用表的操作面板简介

VC98 系列数字式万用表具有 $3\frac{1}{2}$(1999)位自动极性显示功能。该表以双斜积分 A/D 转换器为核心，采用 26 mm 字高液晶显示屏，可用来测量交直流电压、电流，电阻，电容，二极管，三极管，通断测试，温度及频率等参数。图 2-2-3 为其操作面板。

① 液晶显示屏：显示仪表测量的数值及单位。

② POWER(电源)开关：用于开启、关闭万用表电源。

③ B/L(背光)开关：开启及关闭背光灯。按下"B/L"开关，背光灯亮，再按一下，背光取消。

④ 旋钮开关：用于选择测量功能及量程。

⑤ Cx(电容)测量插孔：用于放置被测电容。

⑥ 20 A 电流测量插孔：当被测电流大于 200 mA 而小于 20 A 时，可将红表笔插入此孔。

⑦ 小于 200 mA 电流测量插孔：当被测电流小于 200 mA 时，可将红表笔插入此孔。

⑧ COM(公共地)：测量时插入黑表笔。

⑨ V(电压)/Ω(电阻)测量插孔：测量电压/电阻时插入红表笔。

⑩ hFE 测试插孔：用于测量三极管的 hFE 数值大小。

⑪ HOLD(保持)开关：按下"HOLD"开关，当前所测量数据会被保持在液晶显示屏上并出现符号 H，再按下"HOLD"开关，退出保持功能状态，符号 H 消失。

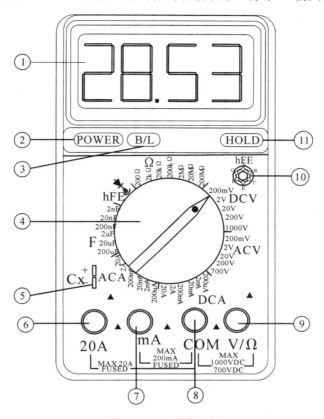

图 2 - 2 - 3　操作面板

3. VC98 系列数字式万用表的使用方法

1) 直流电压的测量

直流电压的测量方法如下：

(1) 将黑表笔插入"COM"插孔，红表笔插入"V/Ω"插孔。

视频3 万用表使用.mp4

(2) 将旋钮开关转至相应的 DCV(直流电压)量程上，然后将测试表笔跨接在被测电路上，被测电压值及红表笔所接点的电压极性将显示在屏幕上。

2) 交流电压的测量

交流电压的测量方法如下：

(1) 将黑表笔插入"COM"插孔，红表笔插入"V/Ω"插孔。

(2) 将旋钮开关转至相应的 ACV(交流电压)量程上，然后将测试表笔跨接在被测电路上，被测电压值将显示在屏幕上。

3）直流电流的测量

直流电流的测量方法如下：

（1）将黑表笔插入"COM"插孔，红表笔插入"200 mA"或"20 A"插孔。

（2）将旋钮开关转至相应的 DCA（直流电流）量程上，然后将仪表串入被测电路中，被测电流值及红表笔点的电流极性将显示在屏幕上。

4）交流电流的测量

交流电流的测量方法如下：

（1）将黑表笔插入"COM"插孔，红表笔插入"200 mA"或"20 A"插孔。

（2）将旋钮开关转至相应的 ACA（交流电流）量程上，然后将仪表串接在被测电路中，被测电流值将显示在屏幕上。

5）电阻的测量

电阻的测量方法如下：

（1）将黑表笔插入"COM"插孔，红表笔插入"V/Ω"插孔。

（2）将旋钮开关转至相应的电阻量程上，然后将测试表笔跨接在被测电阻上，被测电阻值将显示在屏幕上。

6）电容的测量

电容的测量方法：将旋钮开关转至相应的电容量程上，被测电容插入 Cx（电容）插孔；其值将显示在屏幕上。

7）三极管 hFE 的测量

三极管 hFE 的测量方法如下：

（1）将旋钮开关置于 hFE 挡。

（2）先判断所测量三极管为 NPN 型或 PNP 型，然后将发射极 e、基极 b、集电极 c 分别插入相应的插孔。被测三极管的 hFE 值将显示在屏幕上。

8）二极管及通断测试

二极管及通断测试方法如下：

（1）将黑表笔插入"COM"插孔，红表笔插入"V/Ω"插孔（注意红表笔是其表内电池的正极）。

（2）将旋钮开关置于 ►⊢•))（二极管/蜂鸣）符号挡位，并将表笔连接到待测二极管，红表笔接二极管正极，读数为二极管正向压降的近似值（显示值为 0.55 V～0.70 V 的是硅管，显示值为 0.15 V～0.30 V 的是锗管）。

（3）测量二极管极性时显示为 1 V 以下，红表笔所接为二极管正极，黑表笔所接为二极管负极；若最高位显示"1"（超量限），则黑表笔所接为二极管正极，红表笔所接为二极管负极。

（4）测量二极管正反向压降时，若最高位均显示"1"（超量限），则二极管开路；若正反向压降均显示"0"，则二极管击穿或短路。

（5）将表笔连接到被测电路两点，如果内置蜂鸣器发声，则两点之间电阻值低于 70 Ω，电路通，否则电路为断。

4. 数字式万用表日常使用注意事项

数字式万用表日常使用注意事项如下：

（1）测量电压时，输入直流电压切勿超过 1000 V，交流电压有效值切勿超过 700 V。

（2）测量电流时，切勿输入超过 20 A 的电流。

（3）被测直流电压高于 36 V 或交流电压有效值高于 25 V 时，应仔细检查表笔接触是否牢靠、连接是否正确、绝缘是否良好等，以防电击。

（4）测量时，应选择正确的功能和量程，谨防误操作；切换功能和量程时，表笔应离开测试点。

（5）若测量前不知被测量的范围，应先将量程开关置到最高挡，再根据显示值调到合适的挡位。

（6）测量时，若最高位显示"1"或"－1"，表示被测量值超过了量程范围，应将量程开关转至较高的挡位。

（7）在线测量电阻时，应确认被测电路所有电源已关闭且所有电容都已放完电。此时，方可进行测量。

（8）用"200Ω"量程时，应先将表笔短路测引线电阻，然后在实测值中减去所测的引线电阻；用"200MΩ"量程时，将表笔短路，仪表将显示 1.0MΩ，这属于正常现象，不会影响测量精度，实测时应减去该值。

（9）测电容前，应对被测电容进行充分放电。用大电容挡测漏电或击穿电容时，读数将不稳定；测电解电容时，应注意正、负极，切勿插错。

（10）显示屏显示 ⊞ 符号时，应及时更换 9 V 碱性电池，以减小测量误差。

2.3 电 流 表

◆ **教学目标**

（1）了解电流表的工作原理、结构。

（2）掌握电流表的测量方法。

（3）了解电流表日常使用注意事项。

◆ **能力目标**

（1）具备电工基础的相关理论知识。

（2）会使用元器件的使用手册查找相关信息。

（3）具备独立完成电路接线、调试的能力。

（4）具备根据现象得出结论的能力。

（5）具备很好的团队协作能力。

1. 电流表的结构及工作原理

电流表属于磁电系仪表。磁电系仪表主要用于直流电流和电压的测量，与整流器配合之后，也可用于交流电流和电压的测量。其优点是：准确度和灵敏度高、功耗小、刻度均匀等；其缺点是：过载能力差。该仪表主要由磁电系测量机构和测量线路组成。

1）测量机构和工作原理

磁电系仪表测量机构主要由固定部分和可动部分组成，如图2－3－1所示。固定部分是由马蹄形永久磁铁、极掌和圆柱形铁芯等组成的表头磁路系统。固定于表壳上的圆柱形铁芯处于两极掌之间，并与两极掌形成辐射均匀的环形磁场。可动部分由绕在矩形铝框架上的可动线圈、与铝框相连的两个半轴以及固定在半轴上的指针、游丝等组成。整个可动部分经两半轴支承在轴承上，线圈则位于环形磁场中。

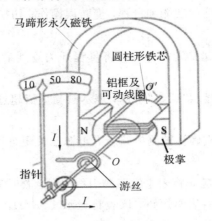

图2－3－1　测量机构原理图

当电流I经游丝流入可动线圈后，通电线圈在永久磁铁的磁场中受到电磁力，产生电磁转矩M，使可动线圈发生偏转，转矩$M \propto I$。同时与可动线圈固定在一起的游丝因可动线圈的偏转而发生变形，从而产生反作用力矩M_F。M_F与指针的偏转角成正比，即$M_F \propto \alpha$。

当$M = M_F$时，可动部分将不再转动而停留在平衡位置。此时，偏转角与输入电流的关系为$\alpha \propto I$。

如果在仪表盘上直接按电流值刻度，则仪表标尺上的刻度是均匀等分的，而且指针偏转方向与电流方向有关。当电流反向时，可动线圈的偏转也随之反向。

如果可动线圈通入交流电，在电流方向变化时转矩M的方向也随之变化。若电流变化的频率小于可动部分的固有振动频率，指针将会随电流方向的变化而左右摆动；若电流变化的频率高于可动部分的固有振动频率，指针偏转角将与一个周期内转矩的平均值有关。由于一个周期内的平均驱动转矩为零，所以指针将停留在零位不动。可见，磁电系仪表只能直接测量直流电，而不能测量交流电。若要测量交流电，则必须配上整流装置构成整流系仪表。

2）电流的测量

磁电系仪表可直接作为电流表使用。但由于被测电流要流过截面积极细、允许流过很小电流（＜1 mA）的游丝和可动线圈，所以最大量程只能是微安或毫安级。为了扩大量程，可在测量机构上并联低值电阻即分流器，如图2－3－2所示。此时流过表头的电流I_0只是被测电流I_X的一部分，两者的关系是$I_0 = I_X \times \dfrac{R_{A4}}{R_{A4} + R_0}$。多量程电流表由几个不同阻值的分流器构成，并通过量程转换开关分别与表头并联。需要扩大的量程越大，分流器的电阻越小。在图 $2-3-2$ 中，仪表的量程分别为 $I_1 < I_2 < I_3 < I_4$。

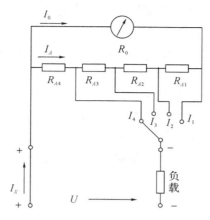

图 $2-3-2$ 　电流测量原理图

　　测量时，电流表应串联在被测电路中，否则将烧坏电流表。接线时，电流应从表的"＋"端流入，"－"端流出。使用时，应根据被测电流的大小选择合适的量程，一般应取被测量的 $1.2 \sim 2$ 倍。

2．测量步骤

　　电流表归结起来有三看和三问。先看清电流表的量程，一般在表盘上有标记，再确认一小格表示多少安培，而后把电流表的正负接线柱接入电路，观察指针位置就可以读数了。此外，还要选择合适量程的电流表。可以先试触一下，若指针摆动不明显，则换小量程的表；若指针摆动大角度，则换大量程的表。一般指针在表盘中间左右，读数比较合适。

　　一看：量程——电流表的测量范围；

　　二看：分度值——表盘的一小格代表多少；

　　三看：指针位置——指针的位置包含了多少个分度值。

　　电流表的读数方法：

　　（1）看清量程。

　　（2）看清分度值（一般而言，量程 $0 \sim 3$ A 的为 0.1 A，0.6 A 的为 0.02 A）；

　　（3）看清表针停留位置（一定从正面观察）。

　　使用前的准备工作：

　　（1）调零，用平口改锥调整校零按钮。

　　（2）选用量程（用经验估计或采用试触法）。

　　电流表的示数：电流表的刻度盘上标有符号 A 和表示电流值的刻度。

　　电流表的"0"端：当被测电路中的电流为零时，指针指在"0"点。

　　当被测电路中有电流时，指针偏转，指针稳定后所指的刻度，就是被测电路中的电流值。每个电流表都有一定的测量范围——量程。在读取数据之前，要先确认所使用的电流表的量程，然后根据量程确认每个大格和每个小格所表示的电流值。实验室里，常用的电流表有三个接线柱，两个量程。

3．电流表日常使用注意事项

　　电流表的内部构造比较精密，使用不当很容易烧坏电流表。因此，我们要学会正确使用电流表。

（1）电流表要串联在电路中。要测量某一部分电路中的电流，必须把电流表串联在这部分电路里（否则短路，烧毁电流表）。

（2）"＋"、"－"接线柱的接法要正确。连接电流表时，必须使电流从"＋"接线柱流进电流表，从"－"接线柱流出来（否则指针反转，容易把针打弯）。

（3）被测电流不要超过电流表的量程。被测电流超过电流表的量程时，不仅测不出电流值，电流表的指针还会被打弯，甚至烧坏电流表（电流表内阻很小，相当于一根导线，若将电流表连到电源的两极上，轻则指针打歪，重则烧坏电流表、电源、导线）。在不能预先估计被测电流大小的情况下，要先拿电路的一个接头迅速试触电流表的接线柱，看着指针的偏转是否在量程之内，如果超出量程，就要改用更大量程的电流表。

2.4 转 速 表

◆ **教学目标**

（1）了解接触式转速表的工作原理、结构。

（2）了解非接触式转速表的工作原理、结构。

（3）掌握接触式转速表和非接触式转速表的使用方法。

◆ **能力目标**

（1）具备电工基础的相关理论知识。

（2）能熟练使用元器件手册查找相关信息。

（3）具备独立完成电路接线、调试的能力。

（4）具备根据现象得出结论的能力。

（5）具备很好的团队协作能力。

1. 接触式转速表

1）离心式转速表

离心式转速表主要由机心、变速器和指示器三部分组成。重锤利用连杆与活动套环及固定套环连接，固定套环装在离心器轴上，离心器通过变速器从输入轴获得转速。另外，还有传动扇形齿轮、游丝、指针等装置。为使转速表与被测轴能够可靠接触，转速表都配有不同的接触头。使用时，可根据被测对象选择合适的接触头安装在转速表的输入轴上。

离心式转速表是利用旋转物体的离心力同旋转角速度（即转速）成比例的原理制成的。一个质量较大的重环安装在旋转轴上，并可随轴一同旋转。当轴旋转时，重环随着轴旋转的同时，在离心力的作用下，围绕其自身的轴向垂直于轴的方向偏转，增大了其与轴的夹角，直到扭力弹簧产生的恢复力与离心力重新达到平衡为止。重环所在平面同旋转轴夹角的变化通过杠杆、扇形块、小齿轮传递给指针，驱动指针偏转。由于刻度是以转速为单位的，而夹角与转速的平方成正比，所以表盘上的刻度是不均匀的。

离心式转速表结构简单，使用方便，价格便宜，能测量柴油机的瞬时转速，并具有较大的稳定性；但其精度较低，一般在 1～2 级，相对误差一般在 1％～8％范围内，而且不能连续使用。由于离心式转速表的测量方法为接触式，在测量中会消耗轴的部分功率，因而其使用范围受到一定的限制。

离心式转速表有手持式和固定式两种。手持离心式转速表在结构上还有一套小传动齿轮箱，其目的是扩大量程。通过不同的齿轮组合，使转速的测量范围分成 5 挡，可以在 $30\sim24\,000$ r/min 的测量范围内进行测量，并有多种形式规格的接头以供使用。

此类型转速表的主要技术指标有：

· 使用条件：转速表在环境温度为 $-20\sim45℃$ 范围内正常工作。

· 基本误差：转速表在温度为 $(20\pm2)℃$ 的环境中，基本误差为测量上限值的 $\pm1\%$。

· 温度影响：当温度从 $(20\pm2)℃$ 变化到 $-20\sim45℃$ 时，转速表的温度附加误差不超过基本误差限的绝对值，其量程表如表 2-4-1 所示。

表 2-4-1　量 程 表

量程分挡	型号及测量范围		
	LZ-30	LZ-45	LZ-60
Ⅰ	30～120	45～180	60～240
Ⅱ	100～400	150～600	200～800
Ⅲ	300～1200	450～1800	600～2400
Ⅳ	1000～4000	1500～6000	2000～8000
Ⅴ	3000～12 000	4500～18 000	6000～24 000

用手持离心式转速表测量转速时，应注意：

（1）转速表在使用前应加润滑油（钟表油），可以从外壳和调速盘上的油孔注入。

（2）不能用低速挡测量高转速，应根据被测轴的转速来选择调速盘的挡数。

（3）转速表轴上的探头与被测转轴接触时，应使两轴心对准，动作要缓慢，以两轴接触时不产生相对滑动为准，同时应尽量使两轴保持在一条直线上。

（4）若调速盘的位置在Ⅰ、Ⅲ、Ⅴ挡，则测得的转速应为分度盘外圈数值再分别乘以 10、100、1000；若调速盘的位置在Ⅱ、Ⅳ挡，测得的转速应为分度盘内圈数值再分别乘以 10、100。

（5）指针偏转方向与被测轴旋转方向无关。

（6）使用完毕后应擦拭干净，放置在阳光不能直接照射的地方，远离热源，注意防潮、防腐蚀。

2）磁性转速表

磁性转速表是根据电磁感应原理制成的，如图 2-4-1 所示。它是利用回转圆盘在旋转磁场中感应涡流而产生扭矩带动指针偏转来测量转速的，又称之为点涡流式转速表。磁性转速表的旋转部分是由永久磁铁和铁芯组成，它可在磁铁和铁芯之间形成强磁场的环形间隙。在间隙中安装有铝或铜制成的杯形圆盘作为敏感元件，当磁铁和铁芯随转速表轴一起旋转时，圆盘便作切割磁力线运动，因此产生感应电流。电流受到由永久磁铁所产生的磁场的作用，使圆盘产生一个旋转力矩，圆盘在旋转力矩作用下，沿永久磁铁的旋转方向而偏转，其偏转角的大小与轴的转速成正比。当旋转力矩被游丝所产生的反作用力矩所平衡时，指针便指示出相应的转速。磁性转速表的应用较广，结构简单，尺寸小，刻度均匀，测速范围较大，其误差为 $1.5\%\sim2.0\%$，其主要的缺点是灵敏度差，测量精度容易受温度的影响。

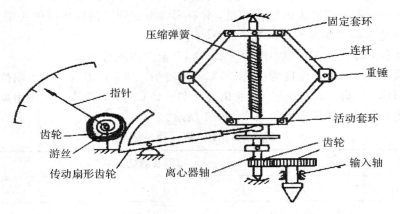

图 2-4-1 磁性转速表

2. 非接触式转速表

非接触式测速仪表结构复杂，但精度较高，多用于无法进行接触测速和对能量损失与测量结果有影响的场所。非接触式转速表主要有闪光测速仪和数字转速表两种。

电子数字转速表是电子数字显示技术在转速测量上具体应用的体现，其测量精度高，指示部分可以直接进行数字显示，还可以输出数字信息，当与打印机和计算机配套使用时，可实现转速的自动记录和数据处理。电子数字转速表具有体积小、重量轻、读数准确、使用方便、可遥测、可连续反映转速变化等优点。电子数字转速表由测速传感器和电气计数器等组成。测速传感器按其作用原理可分为光电式、磁电式、电容式、霍尔元件等几种。下面介绍两种常用的磁电式、光电式测速传感器。

1）磁电式测速传感器

磁电式测速传感器如图 2-4-2 所示，它由永久磁铁 3、线圈 5 和转子 2（含 z_3 个齿）组成。转子 2 装在被测轴 1 上，转子 2 为有 z_3 个齿的齿轮。当轴旋转时，由永久磁铁、空气隙、转子组成磁路的磁阻。由于永久磁铁和齿轮间的空气隙大小不断改变，磁路的磁阻也随之变化，检测线圈 4 的磁通也不断变化，从而产生交变的感应电动势，故而形成与轴的

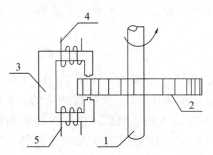

1—被测轴；2—转子；3—永久磁铁；4—检测线圈；5—线圈
图 2-4-2 磁电式测速传感器

转速相应的电信号。电信号频率正比于被测轴的转速 n，即

$$f=\frac{nz_3}{60} \qquad\qquad (2-4-1)$$

式(2-4-1)中，z_3 为转子上齿轮的齿数。

磁电式测速传感器的特点是：能直接测量角速度，输出功率较大，配用电路较简单，并可进行远距离传递；结构简单，工作可靠，性能稳定；工作频率一般为 5～500 Hz；对转轴有一定阻力矩，并且低速时其输出信号较小，故不适应低转速和小扭矩轴的测量；不适应在高温和强磁场下工作。

2）光电式测速传感器

光电式测速传感器将被测的转速信号利用光电变换转变为与转速成正比的电脉冲信号，然后测得电脉冲信号的频率和周期，就可得到转速。

光电式测速传感器的特点是：输出信号稳定；性能稳定，使用方便；对被测轴无干扰；抗污染能力较差，不适宜在较脏的环境下工作；国内已有测量转速用的光电式传感器产品可选用，其测速范围可达每分钟几十万转。

（1）直射式光电测速传感器。直射式光电测速传感器原理示意图如图 2-4-3 所示，将圆盘 2 均匀开出 z_1 条狭缝，并装在欲测转速的轴 1 上，在圆盘的一边固定一光源 4，另一边固定安装一硅光电池 3。硅光电池具有半导体的特性，因为它具有大面积 PN 结，当 PN 结受光照射时激发出电子、空穴，硅光电池 P 区出现多余的空穴，N 区出现多余的电子，从而形成电动势。只要把电极从 PN 结两端引出，便可获得电流信号。

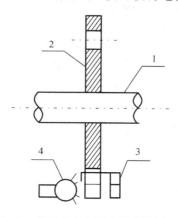

图 2-4-3　直射式光电测速传感器原理示意图

当圆盘随轴旋转时，光源透过狭缝使得硅光电池交替受光的照射，交替产生电动势，从而形成脉冲电流信号。硅光电池产生信号的强弱与灯泡的功率及灯泡和圆盘距离的远近有关，一般脉冲电流信号是足够强的。

脉冲电流的频率 f 取决于圆盘上狭缝数 z_1 和被测轴的转速 n，即 $f=nz_1/60$。狭缝数 z_1 是已知的，如能测得电脉冲信号频率，就等于测到了转速。

（2）反射式光电测速传感器。反射式光电测速传感器同样利用光电交换将转速转变为电脉冲信号。SZGB-11 型光电传感器的光路图如图 2-4-4 所示，它由光源 4，聚光镜 3、6、7，半透膜玻璃 2 及光敏管 1 组成，检测轴的测量部位相间地粘贴反光材料和涂黑，以形成条纹

形的强烈反射面。常用反光材料为专用测速反射纸带，也可用金属箔代替。光源 4 发出散射光经聚光镜 6 折射后形成平行光束，照射在斜置 45°的半透膜玻璃 2 上，这时光将大部分被反射，而后通过聚光镜 3 射在轴上，形成一光点。如果射在反射面上，光线必将反射回来，并且反射光的大部分透射过半透膜玻璃经聚光镜 7 照射到光敏管 1 上；反之，如果光射在轴的黑色条块上则被吸收，不再反射到光敏管上。光敏管感光后会产生一电脉冲信号，随着轴的转动，光线不断照在反射面和非反射面上，光敏管交替受光而产生具有一定频率的电脉冲信号。

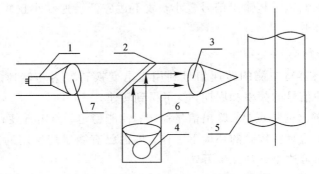

图 2-4-4   SZGB-11 型光电传感器的光路图

设轴上贴 z_2 条反射面，则电脉冲信号频率为

$$f = \frac{nz_2}{60}$$

(2-4-2)

测得电脉冲信号的频率，就可得到转速。

用手持光电式(反射式)转速表(见图 2-4-5)测量转速时，应注意以下几点：

① 在待测物体上贴一个反光标记，功能选择开关拨至"RPM"挡。

② 非反射面积必须比反射面积大；如果转轴明显反光，则必须先抹以黑漆或黑胶布，再在上面贴上反光标记，在贴上反光标记之前，转轴表面必须干净与平滑。

③ 装好电池后按下测量按钮，使可见光束照射在被测目标上(贴好反光标记的部位)，与被测目标成一条直线，开始测量。

④ 待显示值稳定后，释放测量按钮。此时显示屏无任何显示，但测量结果已经自动存储在仪表中，测量结束。

⑤ 此时按下 MEM 记忆键，即可显示出最大值、最小值及最后测量值。

⑥ 转速表使用完毕应取出电池，并将其放置在阳光不能直接照射的地方，远离热源，注意防潮、防腐蚀。

图 2-4-5   光电式转速表

2.5 双踪示波器

◆ **教学目标**

（1）了解模拟示波器的工作原理、结构。

（2）了解数字示波器的工作原理、结构。

（3）掌握模拟示波器和数字示波器的使用方法。

◆ **能力目标**

（1）具备电工基础的相关理论知识。

（2）能熟练使用元器件手册查找相关信息。

（3）具备独立完成电路接线、调试的能力。

（4）具备根据现象得出结论的能力。

（5）具备很好的团队协作能力。

1．功能介绍说明

我们可以把示波器简单地看成是具有图形显示的电压表。示波器是电子测量中一种最常用的仪器，它能够直接观测和真实显示被测信号，比如可以直接观测一个脉冲信号的前后沿、脉宽、上升时间、下降时间等参数，这是其他仪器很难做到的。

普通的电压表是通过在其刻度盘上移动的指针或者数字显示来给出信号电压的测量读数的，而示波器则与其不同。示波器具有屏幕，它能在屏幕上以图形的方式显示信号电压随时间的变化，即波形。示波器和电压表之间的主要区别是：

（1）电压表可以给出被测信号的数值，通常是有效值即 RMS 值，但是电压表不能给出有关信号形状的信息。有的电压表也能测量信号的峰值电压和频率。然而，示波器则能以图形的方式显示信号随时间变化的历史情况。

（2）电压表通常只能对一个信号进行测量，而示波器则能同时显示两个或多个信号。

2．示波器的分类

示波器的分类如下所示：

$$
\begin{cases}
\text{模拟示波器}\begin{cases}\text{普通示波器}\\\text{高频示波器}\\\text{低频示波器}\end{cases}\\
\text{数字示波器}\begin{cases}\text{普通示波器}\\\text{高频示波器}\\\text{低频示波器}\end{cases}
\end{cases}
$$

3．示波器的主要性能指标

1）频带宽度

一般我们用频带宽度（简称带宽）来表示示波器性能的优劣。在模拟示波器中，带宽指的是可以在示波器上观测到的最高频率信号。普通示波器的频带宽度一般在 20 MHz 左右。

在数字示波器中，带宽指的是模拟带宽和数字实时带宽两种，示波器所标示的为模拟带宽，它指的是测量重复周期信号的能力；而数字实时带宽则同时适合重复信号和单次信号的测量。厂家声称示波器的带宽能达到多少兆，实际上指的是模拟带宽，数字实时带宽是要低于这个值的。当然了，带宽不是越宽越好，带宽越宽则示波器的价格就越贵。选用示波器要合适，如果要测量一个几百 kHz 的信号，则一个普通示波器就完全可以了。

2）通道数

通道数是指示波器可同时观测的波形数量，它有单路、双路及多路之分。一般示波器是双路的。

3）余辉时间

模拟示波器的屏幕内壁涂有一层荧光粉，在电子的轰击下会发光。当电子移去后，光点仍然能在屏幕上保持一定的时间，所延迟的时间称为余辉时间（简称余辉），不同的荧光材料其余辉时间不同。最常用的荧光物质是 P31，其余辉时间小于 1 毫秒（ms）；而荧光物质 P7 的余辉时间则较长，约为 300 ms，这对于观察较慢的信号非常有用。通常我们把小于 10 μs 的余辉称极短余辉，10 μs~1 ms 的称短余辉，1 ms~0.1 s 的称中余辉，0.1 s~1 s 的称长余辉，大于 1 s 的称极长余辉。一般应用中余辉就可以了，但在观测控制理论、电机控制等波形时，由于信号的频率比较低，如用中余辉的示波器进行观测，将会看不清波形的变化，所以要用长余辉的示波器。

4. 模拟示波器控制键的作用

结合示波器的面板结构图，叙述其简单使用，如图 2-5-1 所示。

(1) 电源开关（Power）：按入此开关，仪器电源接通，指示灯亮。

(2) 辉度（Intensity）：光迹亮度调节，顺时针旋转光迹增亮。

(3) 聚焦（Focus）：用以调节示波管电子束的焦点，使显示的光点成为细而清晰的圆点。

(4) 光迹旋转（Trace Rotation）：调节光迹与水平线平行。

(5) 探极校准信号（Probe Adjust）：此端口输出幅度为 0.5 V、频率为 1 kHz 的方波信号，用以校准 Y 轴偏转系数和扫描时间系数。

(6) 耦合按钮（AC、DC 和接地）：垂直通道 1 的输入耦合方式选择。

① AC：信号中的直流分量被隔开，用以观察信号的交流成分。

② DC：信号与仪器通道直接耦合，当需要观察信号的直流分量或被测信号的频率较低时应选用此方式。

③ 接地：输入端处于接地状态，用以确定输入端为零电位时光迹所在位置。

(7) 通道 1 输入插座 CH1(X)：双功能端口，在常规使用时，此端口作为垂直通道 1 的输入口。当仪器工作在 X-Y 方式时，此端口作为水平轴信号输入口。

(8) 通道 1 灵敏度选择（VOLTS/DIV）开关：选择垂直轴的偏转系数，从 5mV/div~10V/div 分 11 个挡级调整，可根据被测信号的电压幅度选择合适的挡级。

(9) 微调（Variable）：用以连续调节垂直轴的偏转系数，该旋钮顺时针旋足时为校准位置，此时可根据"VOLTS/DIV"开关的度盘位置和屏幕显示幅度读取该信号的电压值。

(10) 通道 1 扩展开关（×5 扩展）：按入此开关，增益扩展 5 倍。

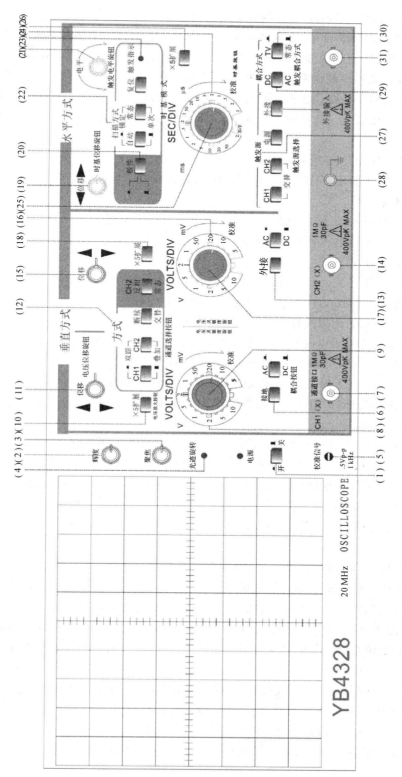

图 2-5-1　示波器面板结构图

（11）垂直位移（Position）：用以调节光迹在垂直方向的位置。

（12）垂直方式（Mode）：选择垂直系统的工作方式。CH1：只显示 CH1 通道的信号；CH2：只显示 CH2 通道的信号；交替：用于同时观察两路信号，此时两路信号交替显示，该方式适合于在扫描速率较快时使用；断续：两路信号断续工作，适合于在扫描速率较慢时同时观察两路信号；叠加：用于显示两路信号相加的结果，当 CH2 极性开关被按入时，则两信号相减；CH2 反相：此按键未按入时，CH2 的信号为常态显示，按入此键时，CH2 的信号被反相。

（13）耦合按钮（AC、接地和 DC）：作用于 CH2，功能同控制件（6）。

（14）通道 2 输入插座 CH2(X)：垂直通道的输入端口，当仪器工作在 X－Y 方式时，此端口作为 Y 轴输入口。

（15）垂直位移（Position）：用以调节光迹在垂直方向的位置。

（16）通道 2 灵敏度选择开关，功能同（8）。

（17）微调，功能同（9）。

（18）通道 2 扩展开关（×5 扩展），功能同（10）。

（19）水平位移（Position）：用以调节光迹在水平方向的位置。

（20）极性（Slope）：用以选择被测信号在上升沿或下降沿触发扫描。

（21）电平（Level）：用以调节被测信号在变化至某一电平时触发扫描。

（22）扫描方式（Sweep Mode）：选择产生扫描的方式。

① 自动（Auto）：当无触发信号输入时，屏幕上显示扫描光迹。一旦有触发信号输入，电路自动转换为触发扫描状态。调节电平可使波形稳定地显示在屏幕上，此方式适合观察频率在 50Hz 以上的信号。

② 常态（Norm）：无信号输入时，屏幕上无光迹显示；有信号输入，且触发电平旋钮在合适位置上时，电路被触发扫描。当被测信号频率低于 50 Hz 时，必须选择该方式。

③ 锁定：仪器工作在锁定状态后，无需调节电平即可使波形稳定地显示在屏幕上。

④ 单次：用于产生单次扫描。进入单次状态后，按动复位键，电路工作在单次扫描方式，扫描电路处于等待状态。当触发信号输入时，扫描只产生一次，下次扫描需再次按动复位按钮。

（23）触发指示（Trigger Ready）：该指示灯具有两种功能指示。当仪器工作在非单次扫描方式时，该灯亮表示扫描电路工作在被触发状态；当仪器工作在单次扫描方式时，该灯亮表示扫描电路在准备状态，此时若有信号输入将产生一次扫描，指示灯随之熄灭。

（24）扫描速率（SEC/DIV）开关：根据被测信号的频率高低，选择合适的挡级。当扫描速率"微调"置校准位置时，可根据度盘的位置和波形在水平轴的距离读出被测信号的时间参数。

（25）微调（Variable）：用于连续调节扫描速率。旋钮顺时针旋足时为校准位置。

（26）扫描扩展开关（×5 扩展）：按入此按键，水平速率扩展 5 倍。

（27）触发源（Trigger Source）：用于选择不同的触发源。

① CH1：在双踪显示时，触发信号来自 CH1 通道；单踪显示时，触发信号则来自被显示的通道。

② CH2：在双踪显示时，触发信号来自 CH2 通道；单踪显示时，触发信号则来自被显

示的通道。

③ 交替：在双踪交替显示时，触发信号交替来自于两个 Y 通道，此方式用于同时观察两路不相关的信号。

④ 电源：触发信号来自于市电。

⑤ 外接：触发信号来自于触发输入端口。

（28）⊥机壳接地端。

（29）AC/DC：外触发信号的耦合方式。当选择外触发源，且信号频率很低时，应将开关置 DC 位置。

（30）常态/TV(Norm/TV)：一般测量时，此开关置常态位置。当需观察电视信号时，应将此开关置 TV 位置。

（31）外触发输入(Exit Input)：当选择外触发方式时，触发信号由此端口输入。

5. 使用说明

1）主机的检查

仪器经常使用或因故障检修后，为使仪器工作在最佳状态和保持较高的测量精度，应对仪器进行全面或有关项目的检查和调整。

把各有关控制件置于表 2－5－1 所列作用位置。

视频4 数字示波器的
使用.mp4

表 2－5－1　控制件表

控制件名称	作用位置	控制件名称	作用位置
辉度 （Intensity）	居中	输入耦合	DC
聚焦 （Focus）	居中	扫描方式 （Sweep Mode）	自动
位移(三只) （Position）	居中	极性 （Slope）	⟋
垂直方式 （Mode）	CH1	SEC/DIV （扫描速率）	0.5 ms
VOLTS/DIV （灵敏度开关）	0.1 V	触发源 （Trigger Source）	CH1
微调(三只) （Variable）	顺时针旋足	耦合方式 （Coupling）	AC 常态

接通电源，电源指示灯亮，稍等预热，屏幕中出现光迹，分别调节辉度和聚焦旋钮，使光迹的亮度适中、清晰。

通过探头将本机探极校准信号输入至 CH1 通道，调节电平旋钮使波形稳定，分别调节 Y 轴和 X 轴的位移，使波形为标准波形。用同样的方法分别检查 CH2 通道。

2）探头的校正

探头校正的主要目的是匹配探头（见图 2－5－2(a)）和示波器的输入通道。在实际使用探头时会发现波形和正确的有所不同，这就是探头的校正没有做好。一般可以用示波器提供的标准信号源检测探头的补偿情况，补偿正确、补偿不足与过补偿的波形如图2-5-2(b)所示。如果波形不正确，则可以通过示波器探头上的一个小的电位器进行调节，使波形最佳。

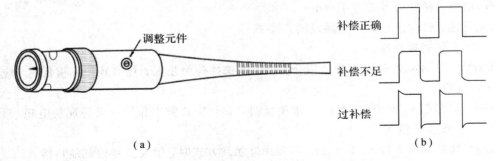

调整元件

补偿正确

补偿不足

过补偿

（a）　　　　　　　　　　　　　（b）

图2-5-2　示波器探头及波形

（a）示波器探头；（b）波形

做完以上两项工作，证明本机工作状态基本正常，可以进行测试。

3）示波器的测量

在测量时，一般把"VOLTS/DIV"（或"SEC/DIV"）开关的微调装置以顺时针方向旋至满度的校准位置，这样可以按"VOLTS/DIV"（或"SEC/DIV"）的指示值直接计算被测信号的电压幅值（或时间）。

由于被测信号一般都含有交流和直流两种成分，因此在测试时应根据下述方法操作。

（1）交流电压的测量。当只需测量被测信号的交流成分时，应将Y轴输入耦合方式开关置"AC"位置，调节"VOLTS/DIV"开关，使波形在屏幕中的显示幅度适中；调节"电平"旋钮使波形稳定，再分别调节Y轴和X轴位移，使波形显示值读取方便，如图2-5-3所示。根据"VOLTS/DIV"的指示值和波形在垂直方向显示的坐标（DIV），按式（2-5-1）读取：

$$U_{\text{p-p}} = U/\text{DIV} \times H(\text{DIV}) \qquad\qquad (2-5-1)$$

$$U\ 有效值 = \frac{U_{\text{p-p}}}{\sqrt{2}}$$

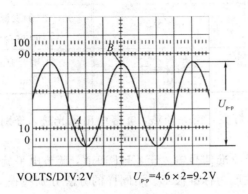

VOLTS/DIV:2V　　　　$U_{\text{p-p}} = 4.6 \times 2 = 9.2\text{V}$

图2-5-3　交流电压的测量

如果使用的探头置10∶1位置，应将该值乘以10。

（2）直流电压的测量。当需测量被测信号的直流或含直流成分的电压时，应先将 Y 轴耦合方式开关置"接地"位置，调节 Y 轴位移使扫描基线在一个合适的位置上，再将耦合方式开关转换到"DC"位置，调节"电平"使波形同步。根据波形偏移原扫描基线的垂直距离，读取该信号的各个电压值，如图 2－5－4 所示。

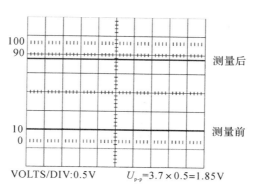

VOLTS/DIV:0.5V　　　$U_{p-p} = 3.7 \times 0.5 = 1.85 V$

图 2－5－4　直流电压测量

（3）时间测量。对某信号的周期或该信号任意两点时间参数的测量，可首先按上述操作方法，使波形获得稳定同步后，再根据该信号周期或需测量的两点在水平方向的距离乘以"SEC/DIV"开关的指示值获得。当需要观察该信号的某一细节（如快跳变信号的上升或下降时间）时，如图 2－5－5 所示，可将"SEC/DIV"开关的扩展旋钮拉出，使显示的距离在水平方向得到 5 倍的扩展，再调节 X 轴位移，使波形处于方便观察的位置，此时测得的时间值应除以 5。

测量两点间的水平距离，按下式计算出时间间隔

$$时间间隔(s) = \frac{两点间的水平距离（格）\times 扫描时间系数（时间/格）}{水平扩展系数}$$

在图 2－5－5 中，测得 A、B 两点的水平距离为 8 格，扫描时间系数设置为 2 ms/格，水平扩展为×1，则

$$时间间隔 = \frac{8\ 格 \times 2\ ms/格}{1} = 16\ ms$$

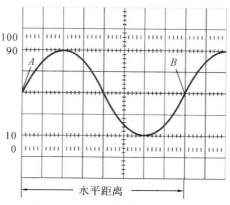

图 2－5－5　时间间隔的测量

在图 2-5-6 中，波形上升沿的 10% 处（A 点）至 90% 处（B 点）的水平距离为 1.8 格，扫速时间置 1 μs/格，扫描扩展系数为 ×5，根据公式计算出

$$上升时间 = \frac{1.8 \text{格} \times 1 \text{ μs/格}}{5} = 0.36 \text{ μs}$$

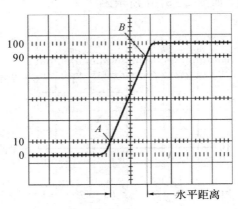

图 2-5-6　上升时间的测量

（4）频率测量。对于重复信号的频率测量，可先测出该信号的周期，再根据公式

$$f(\text{Hz}) = \frac{1}{T(\text{s})} \qquad (2-5-2)$$

计算出频率值。若被测信号的频率较密，即使将"SEC/DIV"开关已调至最快挡，屏幕中显示的波形仍然较密，此时为了提高测量精度，可根据 X 轴方向 10DIV 内显示的周期数用式（2-5-3）计算

$$f(\text{Hz}) = \frac{N(\text{周期数})}{\text{SEC/DIV}(\text{指示值}) \times 10} \qquad (2-5-3)$$

（5）两个相关信号的时间差或相位差的测量。根据两个相关信号的频率，选择合适的扫描速度，并根据扫描速度将垂直方式开关置"交替"或"断续"位置，将"触发源"选择开关所选通道设定为测量的基准通道，调节电平使波形稳定同步。根据两个波形在水平方向某两点间的距离，用下式计算出时间差：

$$时间差 = \frac{水平距离(格) \times 扫描时间系数(时间/格)}{水平扩展系数}$$

在图 2-5-7 中，扫描时间系数置 50 μs/格，水平扩展置 ×1，测得两测量点之间的水平距离为 1.5 格，则

$$时间差 = \frac{1.5 \text{格} \times 50 \text{ μs/格}}{1} = 75 \text{ μs}$$

若测量两个信号的相位差，可在用上述方法获得稳定显示后，调节两个通道的"VOLTS/DIV"开关和"微调"旋钮，使两个通道显示的幅度相等；调节"SEC/DIV"开关，使被测信号的周期在屏幕中显示的水平距离为几个整格，就得到每格的相位角 = $\dfrac{360°}{一个周期的水平距离(\text{DIV})}$，再根据另一个通道信号超前或滞后的水平距离乘以每格的相位角，得出两相关信号的相位差。

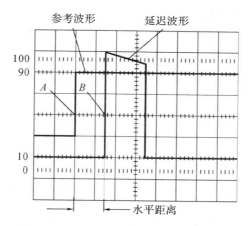

图 2-5-7　对两个相关信号时间的测量

在图 2-5-8 中，测得两个波形测量点的水平距离为 1 格，则根据公式可算出两个不相关信号的相位差＝1 格×40°/格＝40°。

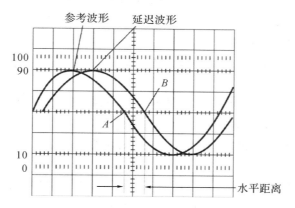

图 2-5-8　对两个相关信号相位差的测量

（6）当需要同时测量两个不相关信号时，应将垂直方式开关置"ALT"位置，并将触发源选择开关"CH1"、"CH2"两个按键同时按入，调节电平可使波形获得同步。

在使用本方式工作时，应注意以下几点：

① 因为该方式仅限于垂直方式为"交替"时使用，因此被测信号的频率不宜太低，否则会出现两个通道的交替闪烁现象。

② 当其中一个通道无信号输入时，将不能获得稳定同步。

（7）电视信号的测量。YB4328 型示波器设有电视场同步信号分离电路，当需观察电视场信号时，可将触发耦合开关"TV"键按入，根据被测电视信号的极性，选择合适的触发极性，调节电平可获得电视场信号的稳定同步。对于电视信号的一般观察，可用"Norm"方式获得同步。

（8）X-Y 方式的应用。在某些特殊场合，X 轴的光迹偏转需由外部信号控制，或需要X 轴也作为被测信号的输入通道。如：外接扫描信号，李沙育图形的观察或作为其他设备的显示装置等，都需要用到该方式。

X-Y 方式的操作：将"SEC/DIV"开关逆时针方向旋足至"X-Y"位置，由"CH1(X)"

端口输入 X 轴信号，其偏转灵敏度仍按该通道的"VOLTS/DIV"开关指示值读取，但该方式的 X 轴灵敏度扩展则是通过水平方向"×5 扩展"按键来控制。

（9）外部亮度控制：仪器背面的 Z 轴输入插座可输入对波形亮度的调制信号，调制极性为负电平加亮，正电平消稳。当需要对被测波形的某段打入亮度标记时，可采用本功能获得。

6. 示波器使用时注意事项

（1）共地问题。双踪示波器有两个探头，可同时观测两路信号，但这两探头的地线都与示波器的外壳相连，所以两个探头的地线不能同时接在同一电路不同电位的两个点上，否则这两点会通过示波器外壳发生电气短路。为此，为了保证测量的顺利进行，可将其中一根探头的地线取下或外包绝缘，只使用其中一路的地线，这样可从根本上解决这个问题。当需要同时观察两个信号时，必须在被测电路上找到这两个信号的公共点，将探头的地线接于此处，其他探头各接至被测信号，只有这样才能在示波器上同时观察到两个信号，而不发生意外。

（2）示波器输入端测量的量程。在使用示波器观测高电压的时候，必须要注意示波器的最大允许输入电压。如果一不小心输入超过其标称值，就会使示波器的输入端损坏，其标称值一般在通道输入位置标明。

举例：$U_i \leqslant 400U_{p-p}$ 表示最大输入允许电压为 400 V 峰值，要注意的是峰值和有效值电压的转换关系。

测量标准直流电压最大为 400 V，正弦波交流电压有效值为 $400/\sqrt{2}$ V。

（3）工作环境和电源电压应满足技术指标中给定的要求。

（4）初次使用或久藏后再用，建议应先放置通风干燥处几小时后通电 1～2 小时再使用。

（5）使用时不要将示波器的散热孔堵塞，长时间连续使用要注意示波器的通风情况是否良好，防止机内温度升高而影响示波器的使用寿命。

7. 示波器的保养

在使用中，要注意让示波器平稳放置在工作桌面上，避免示波器的跌落；不要使焊锡及金属导线进入仪器内部；在接拆示波器探头时要细心操作，避免探头及示波器输入端损坏。

当示波器出现故障后，应立刻切断电源，并向实验室或专职管理人员及时反映，严禁私自拆卸。

第三章 基本技能训练项目

训练项目一 晶闸管的识别及特性测试

◆ **教学目标**

(1) 掌握识别晶闸管以及用万用表判断晶闸管好坏的方法。

(2) 掌握用万用表对晶闸管进行管脚测试的方法。

(3) 掌握晶闸管通断测试电路接线的方法。

(4) 了解晶闸管在工程领域中的应用。

(5) 了解由晶闸管组成的电路的基本设计方法。

◆ **能力目标**

(1) 具备电工基础的相关理论知识。

(2) 会使用元器件的使用手册查找相关信息。

(3) 具备独立完成电路接线、调试的能力。

(4) 具备根据现象得出结论的能力。

(5) 具备很好的团队协作能力。

任务分析

1. 任务内容描述

1) 晶闸管的识别及判定

晶闸管有三个电极,分别为阳极(A)、阴极(K)、门极(G)。

晶闸管的简单测试原理分析:首先,依据 PN 结的单向导电原理,用万用表 R×1 k 电阻挡测量晶闸管的门极(G)与假设的阴极(K)之间的电阻。若门极(G)与假设的阴极(K)之间的正、反向电阻都很大(在几百千欧以上)且正、反向电阻数值相差很小,则可确定阴极(K)假设正确。由于晶闸管芯片一般采用短路发射极结构(相当于在门极与阴极间并联了小电阻),所以正、反向阻值差别不大,即使测出正、反向阻值相当也是正常的。其次,用万用表 R×10 或 R×100 电阻挡测量晶闸管的门极(G)与阳极(A)之间的正、反向电阻,若其正向电阻接近或小于反向电阻,则晶闸管是好的;若阴极与阳极间短路或阳极与门极间短路或阴极与门极间短路,则晶闸管是坏的。

根据以上分析,具体实操步骤如下:

(1) 将万用表置于 R×1 挡位置,用表笔测量 G、K 之间的正、反向电阻,阻值应为几欧姆至几十欧姆。一般地,当黑表笔接 G、红表笔接 K 时,阻值较小。

（2）用万用表 R×10 挡，测量 G 与 A、K 与 A 之间的阻值，无论黑红表笔怎样调换测量，阻值均应为无穷大，否则说明晶闸管已经损坏。

2）晶闸管测量电路的连线

根据设计的晶闸管通断测试电路图连线，通过切换开关 S_1、S_2 的通断及调节可调电位器 R_P 来改变门极触发电流，观察并记录灯泡的亮度变化。

3）实验结果分析

根据实验现象分析测试结果，并总结出晶闸管的通断条件。

2．任务要求

（1）选择任务中使用的仪器、仪表，并填入表 3-1-1。

（2）使用万用表对晶闸管进行简易测试。

（3）完成实验接线图的设计，然后按照要求进行测试，并记录测试结果和任务完成过程中出现的问题及解决办法。

（4）根据考核标准和评价单完成小组任务评价。

（5）根据所总结的晶闸管通断条件完成能力拓展的内容。

表 3-1-1　器材准备表

序　号	名　　称	型　号	数　量

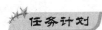

1．任务分工

熟悉任务单，按照任务要求进行小组内任务分工，并填入表 3-1-2。

表 3-1-2　任务分工单

组别	组长	组员	任务分工

2．任务决策

小组学员通过查资料和小组讨论的方法进行任务决策，并填入表 3-1-3。

表 3 - 1 - 3　任务决策单

资料名称	查 阅 内 容	日 期

任务实施

1. 测试晶闸管的好坏

测试至少三个晶闸管的好坏，并记录于表 3 - 1 - 4 中。

视频5 晶闸管好坏鉴别.mp4

表 3 - 1 - 4　工作记录单

序号	晶闸管型号	测试结果

2. 鉴别晶闸管的极性

选取不同结构的晶闸管进行极性鉴别，并总结出鉴别晶闸管极性的方法。

视频6 晶闸管极性判断.mp4

3. 晶闸管通断测试

根据所学内容，小组讨论设计并绘制出测试接线图，然后进行可行性分析并作出决策。

视频7 晶闸管通断测试.mp4

根据合适可行的接线图接线并进行通电实验，将实验结果记录于表 3 - 1 - 5 中。

表 3-1-5 晶闸管通断测试记录表

操作顺序		测试前灯的情况	测试时晶闸管条件		测试后灯的情况
			阳极电压(U_A)	门极电压(U_G)	
导通测试	1	暗	反向	反向	
	2	暗	反向	0	
	3	暗	反向	正向	
	1	暗	正向	反向	
	2	暗	正向	0	
	3	暗	正向	正向	
关断测试	1	亮	正向	正向	
	2	亮	正向	0	
	3	亮	正向	反向	
	4	亮	正向(逐渐减小到接近于0)	任意	

4. 调试记录

记录以上实验现象,再小组讨论任务实施过程中出现的故障,并进行故障分析和记录解决办法,填写表 3-1-6。

表 3-1-6 调试记录单

故障记录	故障分析	解决办法

5. 能力拓展

已知由晶闸管组成的电路如图 3-1-1 所示,且电压 u_2、u_G 波形如图 3-1-2 所示,在不考虑管压降的情况下,分析该电路负载两端的电压波形。

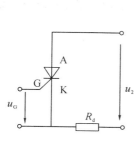

图 3 - 1 - 1 晶闸管电路图

图 3 - 1 - 2 A 极、G 极电压波形图

任务评价

请各小组结合所做项目及所学内容，填写本项目评价单，如表 3 - 1 - 7 所示。

表 3 - 1 - 7 评 价 单

班 级		姓名		组别	
组 员				指导教师	
项目名称		晶闸管的识别及特性测试			
序 号	评 分 标 准	分数分配	小组评分	教师评分	总得分
一、晶闸管的简易测试（10分）	能识别晶闸管	2			
	会用万用表判断晶闸管的好坏	4			
	会用万用表鉴别晶闸管的极性	4			
二、线路图的设计与知识掌握（40分）	能设计出测试电路的接线图	10			
	能合理选择实验设备并按线路图接线	15			
	能发现问题、分析问题并解决问题	10			
	能根据现象得出结论	5			
三、调试（20分）	实验电路接线正确	6			
	实验现象合理	7			
	根据现象得出的结论正确	7			
四、协作精神（10分）	在小组负责人的带领下分工明确，团结协作，按时完成任务	10			
五、拓展能力（10分）	举一反三，拓展学习内容	10			
六、安全文明意识（10分）	不遵守规章制度扣10分	10			

训练项目二　单相半波可控整流电路的接线与调试

◆ **教学目标**

　　(1) 掌握单结晶体管触发电路的接线方法。

　　(2) 掌握单结晶体管同步触发电路的调试步骤及调试方法。

　　(3) 掌握单相半波可控整流电路的接线方法。

　　(4) 掌握单相半波可控整流电路的调试方法。

◆ **能力目标**

　　(1) 具备电工基础的相关理论知识。

　　(2) 会使用元器件的使用手册查找相关信息。

　　(3) 具备独立完成电路接线、调试的能力。

　　(4) 具备发现问题、分析问题、解决问题的能力。

　　(5) 具备很好的团队协作能力。

任务分析

1. 任务内容描述

　　生产中，需要大量电压可调的直流电源，如直流电动机的调速、同步发电机的激磁、电焊、电镀等都要求直流电压可以方便调节。在晶闸管问世之前，通常采用电动机-发电机组、汞弧整流器、充气闸流管等设备获得可调的直流电源，这些设备效率低、笨重。晶闸管问世以后，用晶闸管组成的可控整流电路，可以很方便地把交流电变成大小可调的直流电。这类可控整流电路具有体积小、重量轻、效率高以及控制灵敏等优点，应用日益广泛。

　　晶闸管装置的正常工作与其触发电路的正确、可靠运行密切相关，门极触发电路必须按主电路的要求来设计。为了能可靠地触发晶闸管，以下几点要求必须满足：

　　① 触发信号可以是直流、交流或脉冲电压。由于晶闸管触发导通后，门极触发信号即失去控制作用，为了减小门极的损耗，一般不采用直流或交流信号触发晶闸管，而广泛采用脉冲触发信号。

　　② 触发脉冲应有足够的功率，且其电压和电流应大于晶闸管要求的数值，并保留足够的裕量。为了实现变流电路输出的电压连续可调，触发脉冲的相位应能在一定的范围内连续可调。

　　③ 触发脉冲与晶闸管主电路电源必须同步，两者频率应该相同，而且要有固定的相位关系，使每一周期都能在同样的相位上触发。

　　④ 触发脉冲的波形要符合一定的要求。多数晶闸管电路要求触发脉冲的前沿要陡，以实现精确的导通控制。对于电感性负载，由于电感的存在，其回路中的电流不能突变，所以要求其触发脉冲要有一定的宽度，以确保主回路中的电流在没有上升到晶闸管的擎住电流之前，其门极与阴极始终有触发脉冲存在，保证电路可靠工作。

　　(1) 单结晶体管同步触发电路。

　　单结晶体管同步触发电路是由单结晶体管组成的触发电路，具有简单、可靠、触发脉冲前沿陡、抗干扰能力强以及温度补偿性能好等优点。用具有同步环节的单结晶体管触发电路产生的脉冲去触发可控整流电路中的晶闸管，可以实现整流主电路与触发电路之间的同步。单结晶体管同步触发电路在单相与要求不高的三相晶闸管装置中得到广泛应用，其电路原理见附录2。

（2）单相半波可控整流电路。

可控整流技术是晶闸管最基本的应用之一，在工业生产上应用极广。单相可控整流电路只用一个晶闸管，因其具有电路简单、投资少和制造、调试、维修方便等优点，一般在4 kW以下容量的可控整流装置中应用较多。在单相整流电路中，把晶闸管承受正向电压起到触发导通之间的电角度 α 称为控制角，亦称移相角。晶闸管在一个周期内导通的电角度用 θ 表示，称为导通角。改变 α 的大小，即改变触发脉冲在每周期内出现的时刻，称为移相。对单相半波电路而言，α 的移相范围为 $0\sim\pi$，对应的 θ 在 $\pi\sim0$ 范围内变化。用示波器测量波形时要注意：① 波形中垂直上跳或下跳的线段是显示不出来的；② 要测量有直流分量的波形，必须从示波器的直流测量端输入且预先确定基准水平线位置。

整流电路的输入端一般接在交流电网上，输出端的负载可以是电阻性负载（如电炉、电热器、电焊机和白炽灯等），还可以是大电感性负载（如直流电动机的励磁绕组、滑差电机的电枢线圈等）以及反电动势负载等。

在一些整流指标要求不高且容量小的整流装置中，采用单相半波可控整流电路即可满足要求。另外，单相半波可控整流电路的线路比较简单，投资小并且调试方便。

2．任务要求

（1）选择任务中使用的仪器、仪表、挂箱，并填入表3－2－1。

（2）使用万用表对挂箱中的晶闸管进行简易测试。

（3）对触发电路进行简易测试。

（4）完成实验接线图的设计，然后按照要求进行测试，并记录测试结果和任务完成过程中出现的问题及解决办法。

（5）根据考核标准和评价单完成小组任务评价。

表3－2－1　器材准备表

序号	名　　称	型　　号	数　　量

任务计划

1．任务分工

熟悉任务单，按照任务要求进行小组内任务分工，并填入表3－2－2。

表 3-2-2　任务分工单

组别	组长	组员	任务分工

2. 任务决策

小组学员通过查资料和小组讨论的方法进行任务决策，并填入表 3-2-3。

表 3-2-3　任务决策单

资料名称	查阅内容	日期

任务实施

1. 接线图的设计

根据所学内容，小组讨论设计并绘制出测试接线图，然后进行可行性分析并作出决策。

2. 测试内容及步骤

（1）单结晶体管触发电路的调试。

打开 DL03 低压电源开关，用示波器观察单结晶体管触发电路中整流输出梯形波电压及单结晶体管触发电路的输出电压波形。调节移相可变电位器 R_{P1}，观察锯齿波的周期变化及输出脉冲波形的移相范围是否在 $20°\sim180°$ 范围内。

将单结晶体管触发电路的各点波形描绘下来。

视频8　单相半波可控整流电路的接线与调试.mp4

（2）单相半波可控整流电路接电阻性负载时的调试。

触发电路调试正常后，按小组设计好的电路接线，V 为Ⅰ桥或Ⅱ桥中的任意一个晶闸管，单结晶体管触发电路的 G、K 分别接至晶闸管 V 的门极和阴极，负载为灯泡。接通电源，调节移相可变电位器 R_{P1}，用示波器观察 α 分别为 $30°$、$60°$、$90°$、$120°$、$150°$、$180°$时的输出电压 U_d 的波形，并用数字式万用表测量输出电压 U_d 和电源电压 U_2 的值，记录于表 $3-2-4$ 中。

表 $3-2-4$　接电阻性负载的输出电压和电源电压记录表

α	$30°$	$60°$	$90°$	$120°$	$150°$	$180°$
U_d						
U_2						

（3）单相半波可控整流电路接阻感性负载时的调试。

按设计好的接线图进行接线，负载为平波电抗器和灯泡串联（阻感性负载）。接通电源，调节移相可变电位器 R_{P1}，用示波器观察 α 分别为 $30°$、$60°$、$90°$、$120°$时的输出电压 U_d 的波形。用数字式万用表测量输出电压 U_d 和电源电压 U_2 的值，记录于表 $3-2-5$ 中。

表 $3-2-5$　接阻感性负载的输出电压和电源电压记录表

α	$30°$	$60°$	$90°$	$120°$
U_d				
U_2				

（4）通过示波器观察，画出 $\alpha=30°$时电阻性负载和阻感性负载两端输出电压 U_d 的波形。

3. 调试记录

记录以上实验现象，再小组讨论任务实施过程中出现的故障，并进行故障分析和记录解决办法，填写表 $3-2-6$。

表 $3-2-6$　调试记录单

故障记录	故障分析	解决办法

4. 能力拓展

此次训练项目中如何考虑触发电路与整流电路的同步问题?

任务评价

请各小组结合所做项目及所学内容,填写本项目评价单,如表 3 - 2 - 7 所示。

表 3 - 2 - 7 评 价 单

班 级			姓名		组别	
组 员					指导教师	
项目名称		单相半波可控整流电路的接线与调试				
序 号	评分标准		分数分配	小组评分	教师评分	总得分
一、晶闸管及触发电路的简易测试(10 分)	能用万用表判断晶闸管的好坏		2			
	能对单结晶体管同步触发电路进行简易测试		4			
	能用示波器观察触发电路的波形		4			
二、线路图的设计与知识掌握(40 分)	能设计出可行的测试电路接线图		10			
	能合理选择实验设备并按线路图接线		15			
	能对实测电路进行调试,具备发现问题、分析问题、解决问题的能力		10			
	能根据现象得出结论		5			
三、调试(20 分)	实验电路接线正确		6			
	实验现象合理		7			
	根据现象得出的结论正确		7			
四、协作精神(10 分)	在小组负责人的带领下分工明确,团结协作,按时完成任务		10			
五、拓展能力(10 分)	能够举一反三,拓展学习内容		10			
六、安全文明意识(10 分)	不遵守规章制度扣 5 分		10			
	不尊重大家的劳动成果扣 3 分					
	不讲文明礼貌扣 2 分					

训练项目三 单相半控桥式整流电路的接线与调试

◆ **教学目标**

（1）掌握单相触发电路的接线与调试方法。

（2）掌握单相半控桥式整流电路线路图的设计方法。

（3）掌握单相半控桥式整流电路的接线与调试方法。

◆ **能力目标**

（1）具备电工基础的相关理论知识。

（2）会使用元器件的使用手册查找相关信息。

（3）具备独立完成电路接线、调试的能力。

（4）具备发现问题、分析问题、解决问题的能力。

（5）具备很好的团队协作能力。

1. 任务内容描述

单相半波可控整流电路输出的直流电压都是周期性的非正弦函数，不能像正弦量那样直接计算，但是我们知道，任何周期性的函数都可以依靠数学方法，用傅氏级数的形式分解成一系列不同频率的正弦或余弦函数。如负载参数是线性的，可应用叠加原理，对应不同频率的正弦电压，在负载中产生相应各次谐波电流，负载电流 i_d 便是各次谐波电流的合成。从脉动系数与纹波因数的分析可以看出，单相半波可控整流电路的性能很差。

单相半波可控整流电路虽然线路简单、调试方便，但是当其带电阻性负载时，电流脉动大、电流的波形系数 K_f 大。在同样的直流电流 I_d 下，要求较大额定电流的晶闸管，导线截面、变压器和电源容量增大。如果不用电源变压器，则交流回路中有直流电流流过，这会引起电网额外的损耗、波形畸变；如果采用电源变压器，则电源变压器二次绕组中存在直流电流分量，这会造成铁芯直流磁化。为了使电源变压器不饱和，必须增大铁芯截面。所以，单相半波可控整流电路只适用于容量小、装置的体积要求小、重量轻等技术要求不高的场合。为了克服这些缺点，可以采用单相桥式可控整流电路。

单相桥式可控整流电路根据整流管的类型（可控与不可控），又可以设计成两类：单相半控桥式整流电路和单相全控桥式整流电路。本训练项目是单相半控桥式整流电路的接线与调试项目，主要完成如下两大部分的设计与调试。

1）单相触发电路

在理解单相触发电路产生触发脉冲原理的基础上，用示波器测试单相触发电路的输出信号，并且能够实现触发电路与主电路同步。单相触发电路的原理见附录2。

2）单相半控桥式整流电路

由于单相半波可控整流电路的输出直流电压在交流电源一个周期内最多只有半个周期向负载供电，所以其输出电压的脉动大、设备的利用率低。为了使交流电源的另一半周期也能向负载输出同方向的直流电压，则需采用单相全波可控整流电路或单相桥式可控整流电路，这样既能减少输出电压的波形的脉动，又能提高输出直流电压的平均值。

2．任务要求

（1）选择任务中使用的仪器、仪表、挂箱，并填入表3－3－1。

（2）使用万用表对挂箱中的晶闸管进行好坏鉴定。

（3）对单相触发电路进行简易测试。

（4）完成实验接线图的设计，然后按照要求进行测试，并记录测试结果和任务完成过程中出现的问题及解决办法。

（5）根据考核标准和评价单完成小组任务评价。

表3－3－1　器材准备表

序　号	名　　称	型　号	数　　量

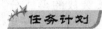

1．任务分工

熟悉任务单，按照任务要求进行小组内任务分工，并填入表3－3－2。

表3－3－2　任务分工单

组别	组长	组员	任　务　分　工

2．任务决策

小组学员通过查资料、小组讨论的方法进行任务决策，并填入表3－3－3。

表3－3－3　任务决策单

资料名称	查　阅　内　容	日　期

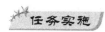

1. 接线图的设计

根据所学内容，小组讨论设计并绘制出测试接线图，然后进行可行性分析并作出决策。

2. 测试内容及步骤

（1）单相触发电路的调试。

打开 DL03 低压电源开关，用示波器观察单相触发电路中输出电压的波形。调节移相可变电位器 R_{P1}，观察锯齿波的周期变化及输出脉冲波形的移相范围是否在 20°～180°范围内。

视频9 单相半控桥式整流电路的接线与调试.mp4

将单相触发电路的各点波形描绘下来。

（2）单相半控桥式整流电路接电阻性负载时的接线与调试。

触发电路调试正常后，按设计好的电路接线图进行接线。可利用"Ⅰ桥"中的晶闸管和二极管来组成单相半控桥，单相触发电路的输出 G₁、K₁ 分别接晶闸管 V₁ 的门极和阴极，G₂、K₂ 分别接晶闸管 V₃ 的门极和阴极。电源选 U、V、W 中的任意一相和公共端 N，负载为灯泡（电阻性负载）。合上电源，用示波器观察输出电压 U_d 的波形，调节单相触发电路中的移相可变电位器 R_{P1}，观察不同 α 时输出电压 U_d 的波形；并用数字式万用表测量不同 α 角时 U_d 和电源电压 U_2 的值，记录于表 3-3-4 中。

表 3-3-4　接电阻性负载的输出电压和电源电压测试记录表

α	0°	30°	60°	90°	120°	150°	180°
U_d							
U_2							

（3）单相半控桥式整流电路接阻感性负载时的接线与调试。

关掉电源，将负载由电阻性负载变为 200 mH 的平波电抗器和电阻（灯泡）的串联（阻感性负载）。接通电源，调节移相可变电位器 R_{P1}，用示波器观察不同 α 时的输出电压 U_d 的波形。用数字式万用表测量输出电压 U_d 和电源电压 U_2 的值，记录于表 3-3-5 中。

表3-3-5　接阻感性负载的输出电压和电源电压测试记录表

α	0°	30°	60°	90°
U_d				
U_2				

（4）通过示波器观察，画出 $\alpha = 30°$ 时电阻性负载和阻感性负载两端输出电压 U_d 的波形。

3. 调试记录

记录以上实验现象，再小组讨论任务实施过程中出现的故障，并进行故障分析和记录解决办法，填入表3-3-6中。

表3-3-6　调试记录单

故障记录	故障分析	解决办法

4. 能力拓展

（1）什么是失控？

（2）单相半控桥式整流电路在什么情况下会发生失控现象？

视频10 单相全控桥式整流电路的接线与调试.mp4

任务评价

请各小组结合所做项目及所学内容，填写本项目评价单，如表3-3-7所示。

表 3 - 3 - 7 评 价 单

班 级		姓名		组别	
组 员				指导教师	
项目名称		单相半控桥式整流电路的接线与调试			

序 号	评 分 标 准	分数分配	小组评分	教师评分	总得分
一、晶闸管及触发电路的简易测试(10分)	能用万用表判断晶闸管的好坏	2			
	会对单相触发电路进行简易测试	4			
	能用示波器观察触发电路的波形	4			
二、线路图的设计与知识掌握(40分)	能设计出测试电路接线图	10			
	能合理选择实验设备并按线路图接线	15			
	能对实测电路进行调试,具备发现问题、分析问题、解决问题的能力	10			
	能根据现象得出结论	5			
三、调试(20分)	实验电路接线正确	6			
	实验现象合理	7			
	根据现象得出的结论正确	7			
四、协作精神(10分)	在小组负责人的带领下分工明确,团结协作,按时完成任务	10			
五、拓展能力(10分)	能够举一反三,拓展学习内容	10			
六、安全文明意识(10分)	不遵守规章制度扣5分	10			
	不尊重大家的劳动成果扣3分				
	不讲文明礼貌扣2分				

训练项目四　三相半波可控整流电路的接线与调试

◆ 教学目标

（1）掌握三相触发电路的接线与调试方法。

（2）掌握三相半波可控整流电路线路图的设计方法。

（3）掌握三相半波可控整流电路的接线与调试方法。

（4）学会使用示波器观察三相电压的波形。

◆ **能力目标**

(1) 具备电工基础的相关理论知识。

(2) 会使用元器件的使用手册查找相关信息。

(3) 具备独立完成电路接线、调试的能力。

(4) 具备发现问题、分析问题、解决问题的能力。

(5) 具备很好的团队协作能力。

1. 任务内容描述

1) 三相触发电路

由单结晶体管组成的触发电路产生的脉冲窄、输出功率小，移相范围也受到限制，不能很好地满足电感性或反电动势负载的需要。在要求较高、功率较大的晶闸管装置中，大多采用晶体管组成的触发电路，其中最常用的是同步信号为正弦波移相与锯齿波移相的触发电路，其原理详见附录 2。

在理解三相触发电路产生触发脉冲原理的基础上，测试三相触发电路的输出信号，并且能够实现触发电路与主电路同步。

2) 三相半波可控整流电路

由于单相可控整流电路整流输出电压的脉动大、脉动频率低，若将它接在三相电网的其中一相上，当容量较大时，易造成三相电网的不平衡，因而它只用在容量较小的地方。一般地，当负载功率超过 4 kW 且要求直流电压脉动较小时，应采用三相可控整流电路。从电路结构和原理上来讲，三相可控整流电路的形式有很多，有三相半波（三相零式）、三相桥式、双反星形等。其中，三相半波可控整流电路是最基本的电路形式，其他电路可看作是三相半波可控整流电路以不同方式串联或并联组合而成。

三相半波可控整流电路中的三个晶闸管可以是共阳极连接，也可以共阴极连接。

2. 任务要求

(1) 选择任务中使用的仪器、仪表、挂箱，并填入表 3 - 4 - 1。

(2) 使用万用表对挂箱中的晶闸管进行好坏鉴定。

(3) 对三相触发电路进行简易测试。

(4) 完成实验接线图的设计，然后按照要求进行测试，并记录测试结果和任务完成过程中出现的问题及解决办法。

(5) 根据考核标准和评价单完成小组任务评价。

表 3 - 4 - 1　器材准备表

序号	名　称	型　号	数　量

 **任务计划**

1. 任务分工

熟悉任务单,按照任务要求进行小组内任务分工,并填入表 3-4-2。

表 3-4-2　任务分工单

组别	组长	组员	任　务　分　工

2. 任务决策

小组学员通过查资料、小组讨论的方法进行任务决策,并填入表 3-4-3。

表 3-4-3　任务决策单

资料名称	查　阅　内　容	日　期

任务实施

1. 接线图的设计

根据所学内容,在三相半波不可控整流电路的基础上,小组讨论设计并绘制出三相半波可控整流电路的测试接线图,然后进行可行性分析并作出决策。

2. 测试内容及步骤

(1)三相触发电路的调试。

① 开关设置:主电源控制屏选择开关掷向"低";DL05 挂箱"Ⅰ桥脉冲观察孔"的单双脉冲控制开关掷向"双","Ⅰ桥触发脉冲"控制开关全部掷向"接通"。

② 将面板上"移相电压 U_c"接地,调节"偏移电压 U_b"的电位器 R_P 可改变移相角 α。此时,在"Ⅰ桥脉冲观察孔"中观察到的是

视频11 三相半波可控整流电路的接线与调试.mp4

双脉冲波。

（2）三相半波可控整流电路接电阻性负载时的接线与调试。

触发电路调试正常后，按设计好的电路接线图进行接线。晶闸管可以选择"Ⅰ桥"中的三个晶闸管，负载为电阻性负载（灯泡）。其触发脉冲已经通过内部电路连好，"Ⅰ桥触发脉冲"控制开关全部掷向"接通"。此时可接上三相电阻负载，接通电源，用示波器观察 α 分别为 0°、30°、60°、90°、120°、150°时的输出电压波形，并用数字式万用表测量不同 α 时的电源电压 U_2 和输出电压 U_d 的值，记录于表 3-4-4 中。

表 3-4-4　接电阻性负载的输出电压和电源电压测试记录表

α	0°	30°	60°	90°	120°	150°
U_d						
U_2						

（3）三相半波可控整流电路接阻感性负载时的接线与调试。

断开电源，将负载接成平波电抗器和电阻（灯泡）的串联（阻感性负载）。接通电源，调节移相可变电位器 R_{P1}，用示波器观察不同 α 时的 U_d 的波形。用数字式万用表测量输出电压 U_d 和电源电压 U_2 的值，记录于表 3-4-5 中。

表 3-4-5　接阻感性负载的输出电压和电源电压测试记录表

α	30°	60°	90°
U_d			
U_2			

（4）通过示波器观察，画出 $\alpha=60°$ 时电阻性负载和阻感性负载两端输出电压 U_d 的波形。

3. 调试记录

记录以上实验现象，再小组讨论任务实施过程中出现的故障，并进行故障分析和记录解决办法，填入表 3-4-6 中。

表 3-4-6　调试记录单

故障记录	故障分析	解决办法

4. 能力拓展

(1) 如何用示波器确定 $\alpha = 0°$ 时输出电压的波形？

(2) 整流电路与三相电源连接时，相序问题应如何处理？必须一一对应吗？

任务评价

请各小组结合所做项目及所学内容，填写本项目评价单，如表 3-4-7 所示。

表 3-4-7 评 价 单

班　级			姓名		组别	
组　员					指导教师	
项目名称		三相半波可控整流电路的接线与调试				
序　号	评 分 标 准		分数分配	小组评分	教师评分	总得分
一、晶闸管及触发电路的简易测试(10分)	能用万用表判断晶闸管的好坏		2			
	会对三相触发电路进行简易测试		4			
	能用示波器观察触发电路的波形		4			
二、线路图的设计与知识掌握(40分)	能设计出测试电路接线图		10			
	能合理选择实验设备并按线路图接线		15			
	能对实测电路进行调试，具备发现问题、分析问题、解决问题的能力		10			
	能根据现象得出结论		5			
三、调试(20分)	实验电路接线正确		6			
	实验现象合理		7			
	根据现象得出的结论正确		7			
四、协作精神(10分)	在小组负责人的带领下分工明确，团结协作，按时完成任务		10			
五、拓展能力(10分)	能够举一反三，拓展学习内容		10			
六、安全文明意识(10分)	不遵守规章制度扣5分		10			
	不尊重大家的劳动成果扣3分					
	不讲文明礼貌扣2分					

训练项目五 三相桥式全控整流电路的接线与调试

◆ **教学目标**

(1) 掌握三相触发电路的接线与调试方法。

(2) 掌握三相桥式全控整流电路线路图的设计方法。

(3) 掌握三相桥式全控整流电路的接线与调试。

◆ **能力目标**

(1) 具备电工基础的相关理论知识。

(2) 会使用元器件的使用手册查找相关信息。

(3) 具备独立完成电路接线、调试的能力。

(4) 具备发现问题、分析问题、解决问题的能力。

(5) 具备很好的团队协作能力。

任务分析

1. 任务内容描述

(1) 三相触发电路。

在理解三相触发电路产生触发脉冲原理的基础上,测试三相触发电路的输出信号,并且能够实现触发电路与主电路同步。

(2) 三相桥式全控整流电路。

在共阴极组和共阳极组的三相半波可控整流电路中,如果负载完全相同且控制角 α 一致,则此时负载电流 I_{d1}、I_{d2} 在数值上相同,中性线中电流的平均值 $I_N = I_{d1} - I_{d2} = 0$。因此,将中性线断开不影响工作,再将两个负载合并为一,该电路即为工业上广泛应用的三相桥式全控整流电路。所以,三相桥式全控整流电路实质上是一组共阴极组与一组共阳极组的三相半波可控整流电路的串联,电路中共有 6 个晶闸管,每一个时刻必须保证其中至少有两个晶闸管同时导通才能构成电流回路。当有两个晶闸管同时导通形成向负载供电的回路时,其中一个晶闸管是共阳极组的,另一个是共阴极组的,且不能是同一相的晶闸管,晶闸管换流只在本组内进行,每隔 120° 换流一次。由于电路中共阴极组与共阳极组换流点相隔 60°,所以每隔 60° 有一次换流。

对该电路施加脉冲的方法有两种:一种为宽脉冲触发,另一种为双窄脉冲触发。双窄脉冲触发虽然复杂,但是脉冲变压器铁芯体积小、触发装置的输出功率小,所以应用广泛。本实训项目采用双窄脉冲触发,脉宽为 20° 左右。双窄脉冲触发电路较复杂,但要求的触发电路输出功率小。

本实训项目用示波器观察的输出电压波形每周期脉动 6 次,基波频率为 300 Hz,每次脉动的波形都一样,为线电压的一部分。当 $\alpha = 0°$ 时,负载上的电压为三相线电压正向包络线。

2. 任务要求

(1) 选择任务中使用的仪器、仪表、挂箱,并填入表 3-5-1。

（2）使用万用表对挂箱中的晶闸管进行好坏鉴定。

（3）对三相触发电路进行简易测试。

（4）完成实验接线图的设计，然后按照要求进行测试，并记录测试结果和任务完成过程中出现的问题及解决办法。

（5）根据考核标准和评价单完成小组任务评价。

表 3-5-1　器材准备表

序号	名　称	型　号	数　量

任务计划

1. 任务分工

熟悉任务单，按照任务要求进行小组内任务分工，并填入表 3-5-2。

表 3-5-2　任务分工单

组别	组长	组员	任务分工

2. 任务决策

小组学员通过查阅资料、小组讨论的方法进行任务决策，并填入表 3-5-3。

表 3-5-3　任务决策单

资料名称	查　阅　内　容	日　期

任务实施

1. 接线图的设计

根据所学内容，小组讨论设计并绘制出三相桥式全控整流电路的测试接线图，然后进行可行性分析并作出决策。

2. 测试内容及步骤

三相触发电路调试正常后，按设计好的电路接线图进行接线。接通电源，用示波器观察 α 分别为 $0°$、$30°$、$60°$、$90°$、$120°$、$150°$时的输出电压波形，并用数字式万用表测量不同 α 时 U_d 和 U_2 的值，记录于表 3−5−4 中。

视频12 三相桥式全控整流电路的接线与调试.mp4

表 3−5−4 输出电压和电源电压测试记录表

α	$0°$	$30°$	$60°$	$90°$	$120°$	$150°$
U_d						
U_2						

通过示波器观察，画出 $\alpha=60°$时三相桥式全控整流电路接电阻性负载时负载两端输出电压 U_d 的波形。

3. 调试记录

记录以上实验现象，再小组讨论任务实施过程中出现的故障，并进行故障分析和记录解决办法，填写表 3−5−5。

表 3−5−5 调试记录单

故障记录	故障分析	解决办法

4. 能力拓展

如何解决主电路和触发电路的同步问题？

任务评价

请各小组结合所做项目及所学内容，填写本项目评价单，如表 3－5－6 所示。

表 3－5－6 评 价 单

班 级			姓名		组别	
组 员					指导教师	
项目名称		三相桥式全控整流电路的接线与调试				
序 号		评分标准	分数分配	小组评分	教师评分	总得分
一、晶闸管及触发电路的简易测试(10分)		能用万用表判断晶闸管的好坏	2			
		会对三相触发电路进行简易测试	4			
		能用示波器观察触发电路的波形	4			
二、线路图的设计与知识掌握(40分)		能设计出测试电路接线图	10			
		能合理选择实验设备并按线路图接线	15			
		能对实测电路进行调试，具备发现问题、分析问题、解决问题的能力	10			
		能根据现象得出结论	5			
三、调试(20分)		实验电路接线正确	6			
		实验现象合理	7			
		根据现象得出的结论正确	7			
四、协作精神(10分)		在小组负责人的带领下分工明确，团结协作，按时完成任务	10			
五、拓展能力(10分)		能够举一反三，拓展学习内容	10			
六、安全文明意识(10分)		不遵守规章制度扣5分	10			
		不尊重大家的劳动成果扣3分				
		不讲文明礼貌扣2分				

训练项目六　GTO 的识别及特性测试

◆ **教学目标**

（1）掌握 GTO 自关断器件的外形及结构。

（2）加深理解 GTO 自关断器件对驱动与保护电路的要求。

（3）熟悉 GTO 自关断器件的驱动与保护电路的结构和特点。

（4）掌握由 GTO 自关断器件构成的直流斩波电路。

◆ **能力目标**

（1）具备电工基础的相关理论知识。

（2）会使用元器件的使用手册查找相关信息。

（3）具备独立完成电路接线、调试的能力。

（4）具备发现问题、分析问题、解决问题的能力。

（5）具备很好的团队协作能力。

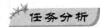

1．任务内容描述

1）PWM（方波）信号发生器电路

PWM（Pulse Width Modulation）信号发生器电路主要是通过 555 定时器来产生方波脉冲的，其原理图如图 3-6-1 所示。

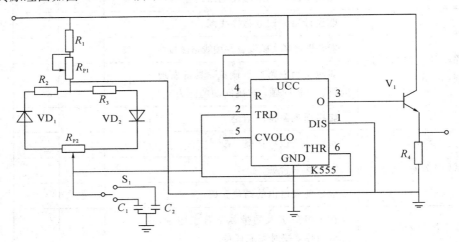

图 3-6-1　PWM 信号发生器电路

SPWM（Sinusoidal Pulse Width Modulation，正弦脉宽调制）信号输出波形如图 3-6-2 所示。

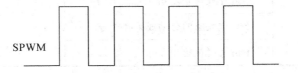

图 3-6-2　SPWM 信号输出波形

2）GTO 驱动与保护及斩波调速实验

在本实操项目中，GTO 的开关频率为 1 kHz，调节方波信号发生器的电位器 R_{P1} 使得输出频率为"1 kHz"。本实操项目主要完成 GTO 的有关特性研究。

3）GTO 基本特性的研究

GTO 的静态特性包括阳极伏安特性、通态压降特性、安全工作区、门极控制特性及正向门极触发特性。实验时，可以通过调节阳极电压进行阳极电流的测量，从而对 GTO 的阳极伏安特性进行研究。

GTO 的动态特性是指 GTO 从断态到通态、从通态到断态两过程中，电流、电压以及功率损耗随时间变化的规律，现可分为开通特性和关断特性。

2. 任务要求

（1）选择项目中使用的仪器、仪表、挂箱，并填入表 3－6－1 中。

（2）使用万用表对挂箱中的 GTO 进行简易测试。

（3）对全控型电力电子器件进行特性测试。

（4）对实验接线图进行接线、测试，并能正确地记录测试结果。

（5）将任务完成过程中出现的问题及解决办法记录于工作单中。

（6）根据考核标准和评价单完成小组任务评价。

表 3－6－1 器材准备表

序号	名　称	型　号	数　量

任务计划

1. 任务分工

熟悉任务单，按照任务要求进行小组内任务分工，并填入表 3－6－2。

表 3－6－2 任务分工单

组别	组长	组员	任 务 分 工

2. 任务决策

小组学员通过查阅资料、小组讨论的方法进行任务决策，并填入表 3－6－3。

表 3－6－3 任务决策单

资料名称	查 阅 内 容	日 期

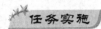

1. 测试接线图

GTO驱动主电路如图3-6-3所示。GTO驱动与保护电路如图3-6-4所示。

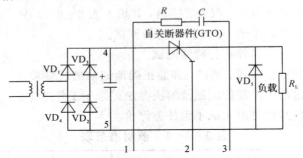

图3-6-3 GTO驱动主电路

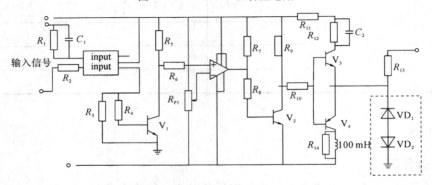

图3-6-4 GTO驱动与保护电路

2. 测试内容及步骤

1) GTO驱动与保护及斩波调速实验

在本实操项目中，GTO的开关频率为1 kHz，调节方波信号发生器的电位器R_{P1}使得输出频率为"1 kHz"。按图3-6-3接好GTO驱动主电路，按图3-6-4接好GTO驱动与保护电路。本实操项目主要完成GTO的有关特性研究。其操作方法如下：

(1) 使过流保护电路(BH)的主回路电流从"1"端流入，"3"端流出。

(2) 使信号发生电路的输出驱动信号从过流保护电路的"2"端输入，"3"端输出至相应自关断器件的驱动电路。

(3) 直流电动机电枢(负载)两端反向并联快速恢复型续流二极管VD_5，连接时应保证二极管的极性正确。

(4) 驱动与保护电路接线时，将PWM信号发生器电路接至驱动与保护电路。连线时，要注意各功能块的完整性和相互间连接顺序的正确性。

(5) 实操时，应先检查驱动电路的工作情况。在未接通主电路的条件下，必须使驱动电源与GTO的发射极连接良好。若给驱动电路通电，则此时应能在GTO的基极和栅极间观察到驱动触发脉冲，调节PWM信号发生器电路上的电位器R_{P1}(见图3-6-1)，即可观察到脉冲占空比。

（6）在驱动电路正常工作后，合上直流电动机励磁电源开关，调节 PWM 信号发生器电路中的 R_{P2}（见图 3-6-1），使占空比变小；合上主电路电源开关，使直流电动机低速启动和调速；合上直流发电机的负载开关，使直流电动机带负载运行。

（7）调节占空比，用示波器观察并记录不同占空比时基极驱动电压（"2"和"3"间）、驱动电流（"2"和"3"间）和 GTO 管压降（"1"和"3"间）的波形。

测定在空载及额定负载条件下，不同占空比 Q 时的直流电动机电枢电压平均值 U_{a}、电机转速 n，并记录于表 3-6-4 中。

表 3-6-4　电枢电压平均值和电机转速记录表

Q						
U_{a}						
n						

根据测试结果，画出 $U=f(Q)$ 和 $n=f(Q)$ 曲线。

2）GTO 基本特性的研究

（1）静态特性。静态特性包括阳极伏安特性、通态压降特性、安全工作区、门极控制特性及正向门极触发特性。实验时，可以通过调节阳极电压进行阳极电流的测量，然后对 GTO 的伏安特性进行研究，其阳极伏安特性曲线如图 3-6-5 所示。图中，U_{br} 为反向击穿电压。

（2）动态特性。GTO 的动态特性是指 GTO 从断态到通态、从通态到断态两个过程中，电流、电压以及功率损耗随时间变化的规律。动态特性可分为开通特性和关断特性。开通特性是指当阳极施加正电压，门极注入一定电流时，阳极电流大于擎住电流之后，GTO 完全开通。关断特性是指在 GTO 门极上加适当负脉冲时，可关断导通着的 GTO 阳极电流。开通时间与门极正向触发电流的关系如图 3-6-6 所示。图中，I_{FGT} 为门极正向触发电流。

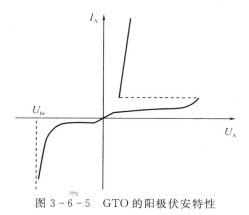

图 3-6-5　GTO 的阳极伏安特性　　　　图 3-6-6　开通时间与门极正向触发电流的关系

3. 调试记录

记录以上实验现象，再小组讨论任务实施过程中出现的故障，并进行故障分析和记录解决办法，填写表 3-6-5。

表 3-6-5　调试记录单

故障记录	故障分析	解决办法

任务评价

请各小组结合所做项目及所学内容，填写本项目评价单，如表 3-6-6 所示。

表 3-6-6　评　价　单

班　级		姓名		组别	
组　员				指导教师	
项目名称		GTO 的识别及特性测试			

序　号	评分标准	分数分配	小组评分	教师评分	总得分
一、PWM 信号发生器电路（10 分）	能用万用表判断全控型器件的好坏	2			
	会对 PWM 信号发生器进行调试	4			
	能用示波器观察 PWM 信号发生器的输出波形	4			
二、线路图的设计与知识掌握（40 分）	能正确设计出测试电路接线图	10			
	能合理选择实验设备并按线路图接线	15			
	能对实测电路进行调试，具备发现问题、分析问题、解决问题的能力	10			
	能根据现象得出结论	5			
三、调试（20 分）	实验电路接线正确	6			
	实验现象合理	7			
	根据现象得出的结论正确	7			
四、协作精神（10 分）	在小组负责人的带领下分工明确，团结协作，按时完成任务	10			
五、拓展能力（10 分）	能够举一反三，拓展学习内容	10			
六、安全文明意识（10 分）	不遵守规章制度扣 5 分	10			
	不尊重大家的劳动成果扣 3 分				
	不讲文明礼貌扣 2 分				

训练项目七　GTR 的识别及特性测试

◆ **教学目标**

（1）掌握 GTR 自关断器件的外形及结构。

（2）加深理解 GTR 自关断器件对驱动与保护电路的要求。

（3）熟悉 GTR 自关断器件的驱动与保护电路的结构和特点。

（4）掌握由 GTR 自关断器件构成的直流斩波电路。

◆ **能力目标**

（1）具备电工基础的相关理论知识。

（2）会使用元器件的使用手册查找相关信息。

（3）具备独立完成电路接线、调试的能力。

（4）具备发现问题、分析问题、解决问题的能力。

（5）具备很好的团队协作能力。

任务分析

1. 任务内容描述

表征 GTR 的特性曲线较多，常用的有输出特性、电流特性、电流增益（或称电流放大倍数）、二次击穿与安全工作区、开关特性及温度特性等。

由 GTR 自关断器件构成的直流斩波电路，可通过控制自关断器件驱动信号的占空比来改变斩波器的输出电压脉宽，从而改变直流电动机电枢电压，实现调压调速，或通过改变频率来实现调速。

2. 任务要求

（1）能正确选择项目中使用的仪器、仪表、挂箱，并填入表 3-7-1 中。

（2）会使用万用表对挂箱中的 GTR 进行简易测试。

（3）会对全控型电力电子器件进行特性测试。

（4）会对实验接线图进行接线、测试，并能正确地记录测试结果。

（5）能将任务完成过程中出现的问题及解决办法记录于工作单中。

（6）能根据考核标准和评价单完成小组任务评价。

表 3-7-1　器材准备表

序号	名　　称	型　　号	数　　量

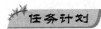 **任务计划**

1. 任务分工

熟悉任务单,按照任务要求进行小组内任务分工,并填入表3-7-2。

表3-7-2 任务分工单

组别	组长	组员	任务分工

2. 任务决策

小组学员通过查阅资料、小组讨论的方法进行任务决策,并填入表3-7-3。

表3-7-3 任务决策单

资料名称	查阅内容	日期

任务实施

1. GTR驱动与保护调速实验

由GTR自关断器件构成的直流斩波电路,可通过控制自关断器件驱动信号的占空比来改变斩波器的输出电压脉宽,从而改变直流电动机电枢电压,实现调压调速,或通过改变频率来实现调速。通过本次实操项目可对GTR自关断器件及其驱动与保护有比较深刻的理解。

图3-7-1为GTR自关断器件驱动主电路接线图。直流主电源由110～150 V交流电接

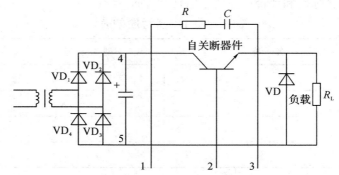

图3-7-1 GTR自关断器件驱动主电路接线图

成单相桥式整流电路，经电容滤波（LB）后得到 120～220 V 直流电。实操主电路接线时，应从滤波电路的正极性"4"端出发，经过流保护电路、自关断器件及保护电路、直流电动机电枢（负载），回到滤波电路的负极性"5"端，从而构成实操主电路。图 3－7－2 为 GTR 自关断器件驱动与保护电路接线图。

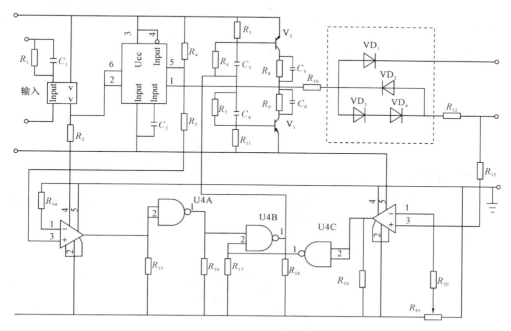

图 3－7－2　GTR 自关断器件驱动与保护电路接线图

接线时应注意以下要求：

（1）过流保护电路（BH）的主回路电流应保证从"1"端流入，"3"端流出。

（2）PWM 信号发生器电路的输出驱动信号必须从过流保护电路（BH）的"2"端输入，"3"端输出至相应自关断器件的驱动电路。

（3）直流电动机电枢（负载）两端必须反向并接快速恢复型续流二极管 VD，连接时应保证二极管的极性正确。

（4）驱动与保护电路接线时，需将 PWM 信号发生器电路接至驱动与保护电路。连线时，要注意各功能块的完整性和相互间连接顺序的正确性。

（5）实操时，应先检查驱动电路的工作情况。在未接通主电路的条件下，必须使驱动电源与 GTR 的发射极良好连接。若给驱动电路通电，则此时应能在 GTR 的基极和栅极间观察到驱动触发脉冲，调节 PWM 信号发生器电路上的电位器 R_{P1}，即可观察到脉冲占空比。

（6）在驱动电路正常工作后，合上直流电动机励磁电源开关，调节 PWM 信号发生器电路中的 R_{P2}，使占空比变小；合上主电路电源开关，使直流电动机低速启动和调速；合上直流发电机的负载开关，使直流电动机带负载运行。

（7）调节占空比，用示波器观察并记录不同占空比时的基极驱动电压（"2"端和"3"端间）、驱动电流（"2"端和"3"端间），以及 GTR 管压降（"1"端和"3"端间）的波形。

（8）在空载及额定负载条件下，测定并记录不同占空比 Q 时的直流电动机电枢电压平均值 U_a、电机转速 n 于表 3－7－4 中。

表 3 - 7 - 4　实操记录表

Q					
U_a					
n					

根据测试结果画出 $U=f(Q)$ 和 $n=f(Q)$ 曲线。

2. GTR 的特性研究

表征 GTR 的特性曲线较多，常用的有输出特性、电流特性、电流增益（或称电流放大倍数）、二次击穿与安全工作区、开关特性及温度特性等。其输出特性曲线如图 3 - 7 - 3 所示。

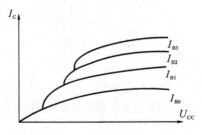

图 3 - 7 - 3　GTR 的输出特性曲线

3. 调试记录

记录以上的实验现象，并小组讨论任务实施过程中出现的故障，进行分析并记录解决办法于表 3 - 7 - 5。

表 3 - 7 - 5　调试记录单

故障记录	故障分析	解决办法

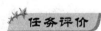 任务评价

请各小组结合所做项目及所学内容，填写本项目评价单，如表 3 - 7 - 6 所示。

表 3 - 7 - 6 评 价 单

班 级		姓名		组别	
组 员				指导教师	
项目名称		GTR 的识别及特性测试			

序 号	评 分 标 准	分数分配	小组评分	教师评分	总得分
一、PWM 信号发生器电路(10分)	能用万用表判断全控型器件的好坏	2			
	会对 PWM 信号发生器进行调试	4			
	能用示波器观察 PWM 信号发生器的输出波形	4			
二、线路图的设计与知识掌握(40分)	能正确设计出测试电路接线图	10			
	能合理选择实验设备并按线路图接线	15			
	能对实测电路进行调试,具备发现问题、分析问题、解决问题的能力	10			
	能根据现象得出结论	5			
三、调试(20分)	实验电路接线正确	6			
	实验现象合理	7			
	根据现象得出的结论正确	7			
四、协作精神(10分)	在小组负责人的带领下分工明确,团结协作,按时完成任务	10			
五、拓展能力(10分)	能够举一反三,拓展学习内容	10			
六、安全文明意识(10分)	不遵守规章制度扣5分	10			
	不尊重大家的劳动成果扣3分				
	不讲文明礼貌扣2分				

训练项目八　IGBT 的识别及特性测试

◆ **教学目标**

(1)掌握 IGBT 自关断器件的外形及结构。

(2)加深理解 IGBT 自关断器件对驱动与保护电路的要求。

(3)熟悉 IGBT 自关断器件驱动与保护电路的结构和特点。

(4)掌握由 IGBT 自关断器件构成的直流斩波电路。

◆ **能力目标**

(1) 具备电工基础的相关理论知识。

(2) 会使用元器件的使用手册查找相关信息。

(3) 具备独立完成电路接线、调试的能力。

(4) 具备发现问题、分析问题、解决问题的能力。

(5) 具备很好的团队协作能力。

1. 任务内容描述

(1) IGBT 是一种全控型电力电子器件，还是 GTR 和 MOSFET 的复合，既具有 GTR 的优点，又具有 MOSFET 的优点，可利用栅射极电压来控制集电极的电流。同样，它也是一种电压控制型器件，能在中等功率场合下广泛应用，所以对 IGBT 器件的认识与识别特别重要。本次实操包括器件识别，发射极 E、集电极 C 以及栅极 G 三个电极的极性鉴别，器件好坏的判断。

(2) IGBT 的驱动与保护电路及斩波调速实验。本次实操中 IGBT 的开关频率为 10 kHz，故应调节 R_{P2} 使输出频率为"10 kHz"，IGBT 驱动电路原理图应接好主电路、驱动与保护电路。本项目主要研究 IGBT 的有关特性。

(3) 绝缘栅双极型晶体管(IGBT)特性的研究。IGBT 的静态特性包括伏安特性、转移特性、通断特性。

测试条件为：集电极电源电压 U_{CC} 为 600 V，栅射极电压为 ± 15 V，栅极电阻 R_G 为 12 Ω，结温为 25 ℃。应注意，关断过程中集电极电源电压 U_{CC} 的变化情况与负载的性质有关。在感性负载的情况下，U_{CC} 会陡然上升，产生过冲现象。此时，IGBT 将承受较高的 dU/dt 冲击，应采取措施加以克服。

2. 任务要求

(1) 能正确选择项目中使用的仪器、仪表、挂箱，并填入表 3-8-1 中。

(2) 会使用万用表对挂箱中的 IGBT 进行简易测试。

(3) 会对全控型电力电子器件进行特性测试。

(4) 会对实验接线图进行接线、测试，并能正确地记录测试结果。

(5) 将任务完成过程中出现的问题及解决办法记录于工作单中。

(6) 根据考核标准和评价单完成小组任务评价。

表 3 - 8 - 1　器材准备表

序号	名称	型　　号	数　　量

任务计划

1. 任务分工

熟悉任务单，按照任务要求进行小组内任务分工，并填入表3-8-2。

表3-8-2　任务分工单

组别	组长	组员	任务分工

2. 任务决策

小组学员通过查阅资料、小组讨论的方法进行任务决策，并填入表3-8-3。

表3-8-3　任务决策单

资料名称	查阅内容	日　期

任务实施

1. IGBT的驱动与保护电路及斩波调速实验

本次实操中IGBT的开关频率为10 kHz，故应调节电位器R_{P2}使输出频率为"10 kHz"。按图3-8-1所示IGBT的驱动主电路接线图接好主电路，按图3-8-2接好IGBT的驱动与保护电路，本次训练项目主要研究的是IGBT的有关特性。

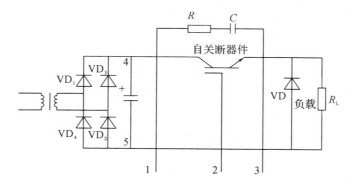

图3-8-1　IGBT的驱动主电路接线图

其操作方法如下：

(1) 使过流保护电路(BH)的主回路电流从"1"端流入，"3"端流出。

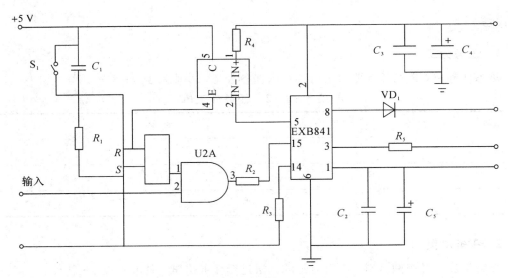

图 3 - 8 - 2　IGBT 的驱动与保护电路

（2）使 PWM 信号发生器电路的输出驱动信号从过流保护电路（BH）的"2"端输入，"3"端输出至相应自关断器件的驱动电路。

（3）直流电动机电枢（负载）两端反向并接快速恢复续流二极管 VD，连接时应保证二极管的极性正确。

（4）驱动与保护电路接线时，需将 PWM 信号发生器电路接至驱动与保护电路。接线时，要注意各功能块的完整性和相互间连接顺序的正确性。

（5）实操时，应先检查驱动电路的工作情况。在未接通主电路的条件下，必须使驱动电源与 IGBT 的发射极连接良好。若给驱动电路通电，则此时应能在 IGBT 的基极和栅极间观察到驱动触发脉冲，调节 PWM 信号发生器电路上的电位器 R_{P1}，即可观察到脉冲占空比。

（6）在驱动电路正常工作后，合上直流电动机励磁电源开关，调节 PWM 信号发生器电路中的 R_{P2}，使占空比变小；合上主电路电源开关，使直流电动机低速启动和调速；合上直流发电机的负载开关，使直流电动机带负载运行。

（7）调节占空比，用示波器观察并记录不同占空比的基极驱动电压（"2"端和"3"端间）、驱动电流（"2"端和"3"端间），以及 IGBT 管压降（"1"端和"3"端间）的波形。

（8）在空载及额定负载条件下，测定并记录不同占空比的直流电枢电压平均值 U_a、电机转速 n 于表 3 - 8 - 4 中。

注意：驱动信号不能输出时，可以按复位按钮直到驱动信号有输出；若复位还不能得到驱动信号，则要检查输入信号的接线是否正确。此电路的保护环节主要是当出现过流或过压时，EXB841 的第 5 脚输出低电平使光耦开通，从而封锁输入信号来起到保护作用。

表 3 - 8 - 4　测试记录表

Q						
U_a						
n						

根据测试结果画出 $U=f(Q)$ 和 $n=f(Q)$ 曲线。

2. 绝缘栅双极型晶体管（IGBT）特性的研究

1）静态特性

IGBT 的静态特性包括伏安特性、转移特性、通断特性。相应的特性曲线如图 3-8-3 所示。图中，I_C 为集电极电流，U_{CE} 为集射电压。

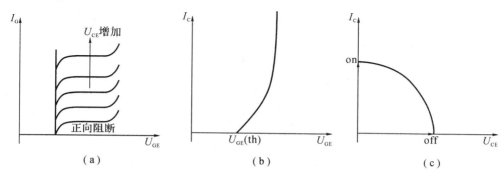

（a）　　　　　　　（b）　　　　　　　（c）

图 3-8-3　IGBT 静态特性曲线

（a）伏安特性；（b）转移特性；（c）通断特性

2）动态特性

IGBT 在开通过程中，大部分时间是作为 MOSFET 来运行的。在实际应用中，常给出开通时间 t_{on}、上升时间 t_r、关断时间 t_{off} 及下降时间 t_f。这些开关时间的长短与集电极电流、结温等参数有关，如图3-8-4所示。

测试条件为：集电极电源电压 U_{CC} 为 600 V，栅射极电压为 ±15 V，栅极电阻 R_G 为 12 Ω，结温为25℃。应注意，关断过程中，集电极电压 U_{CC} 的变化情况与负载的性质有关。在感性负载的情况下，U_{CC} 会陡然上升，产生过冲现象。此时，IGBT 将承受较高的 dU/dt 冲击，应采取措施加以克服。

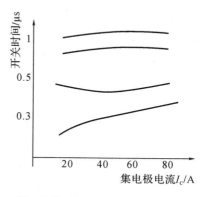

$T_j = 25$ ℃，$R_G = 12$ Ω，$U_{CC} = 600$ V，

$U_{GE} = \pm 15$ V

图 3-8-4　IGBT 的开关时间

3. 调试记录

记录以上的实验现象，并小组讨论任务实施过程中出现的故障，进行分析并记录解决办法于表 3-8-5。

表 3 - 8 - 5　调试记录单

故障记录	故障分析	解决办法

任务评价

请各小组结合所做项目及所学内容,填写本项目评价单,如表 3 - 8 - 6 所示。

表 3 - 8 - 6　评　价　单

班　级		姓名		组别	
组　员			指导教师		
项目名称		IGBT 的识别及特性测试			
序　号	评分标准	分数分配	小组评分	教师评分	总得分
一、PWM 信号发生器电路(10 分)	能用万用表判断全控型器件的好坏	2			
	会对 PWM 信号发生器进行调试	4			
	能用示波器观察 PWM 信号发生器的输出波形	4			
二、线路图的设计与知识掌握(40 分)	能正确设计出测试电路接线图	10			
	能合理选择实验设备并按线路图接线	15			
	能对实测电路进行调试,具备发现问题、分析问题、解决问题的能力	10			
	能根据现象得出结论	5			
三、调试(20 分)	实验电路接线正确	6			
	实验现象合理	7			
	根据现象得出的结论正确	7			
四、协作精神(10 分)	在小组负责人的带领下分工明确,团结协作,按时完成任务	10			
五、拓展能力(10 分)	能够举一反三,拓展学习内容	10			
六、安全文明意识(10 分)	不遵守规章制度扣 5 分	10			
	不尊重大家的劳动成果扣 3 分				
	不讲文明礼貌扣 2 分				

训练项目九　直流斩波电路的性能研究

◆ **教学目标**

    (1) 掌握直流斩波电路的工作原理。

    (2) 熟悉各种直流斩波电路的组成及其工作特点。

    (3) 了解 PWM 控制与驱动电路的原理及其常用的集成芯片。

    (4) 会测量 PWM 波形的占空比。

    (5) 学会调试直流斩波电路并能分析解决相关问题。

◆ **能力目标**

    (1) 具备电工基础的相关理论知识。

    (2) 会使用元器件的使用手册查找相关信息。

    (3) 具备独立完成电路接线、调试的能力。

    (4) 具备发现问题、分析问题、解决问题的能力。

    (5) 具备很好的团队协作能力。

任务分析

1. 任务内容描述

    近年来，功率器件的性能改善以及各种控制技术的涌现，极大地促进了直流斩波技术的发展。以实现硬开关和软开关为目标的各类新型斩波电路的不断出现，为进一步提高直流斩波电路的动态性能，降低开关损耗，减小电磁干扰等开辟了新的有效途径。

    将直流电源的恒定直流电压，通过电子器件的开关作用，变换成固定的或可调的直流电压的斩波电路叫直流斩波电路，该装置称为直流斩波器。它利用电子开关器件的高速周期性的开通与关断，将直流电能变换成高频的脉冲序列，然后通过滤波电路变成满足负载要求的直流电能，因此也称为开关型 DC/DC 斩波电路。随着生产的需要和技术的发展，直流斩波电路拥有多种形式，按照稳压控制方式分类，可分为脉冲宽度调制(PWM)和脉冲频率调制(PFM)直流斩波电路。按变换器的功能分类，可分为降压(Buck)斩波电路、升压(Boost)斩波电路、升降压(Buck－Boost)斩波电路和库克(Cuk)斩波电路等。按电路器件分类，可分为半控型电路和全控型电路。

    直流斩波技术广泛地应用于无轨电车、地铁列车、蓄电池供电的机动车辆等无级变速电动汽车的控制，从而使其能获得加速平稳、快速响应的性能。20 世纪 80 年代以来兴起的采用直流斩波技术的高频开关电源的发展最为迅猛，它以体积小、重量轻、效率高等优势在民用工业、军事和日常生活中广泛应用，为计算机、通信、电子消费等类产品提供了可靠的直流电源。

    斩波原理：用 SG3526 完成 PWM 脉冲的形成及频率和占空比的调节，用 HL403B 完成 IGBT 的驱动和保护，其中有短路、欠饱和及软关断及降栅压保护等，HL403B 输出的保护信号经光耦隔离后送到 LM555 组成的触发器输出低电平，封锁 SG3526 的 PWM 脉冲，从而使 IGBT 可靠关断。

    此电路有过流保护扩展功能。在 L_1、L_2 两端接上合适的霍尔传感器，用以检测电流，可以很好地防止因过流而引起的电机烧毁。

2．任务要求

（1）能正确选择项目中使用的仪器、仪表、挂箱，填入表3-9-1中。

（2）会使用万用表对挂箱中的全控型器件进行简易测试。

（3）会对实验接线图进行接线、测试，并能正确地记录测试结果。

（4）将任务完成过程中出现的问题及解决办法记录于工作单中。

（5）根据测试结果，能绘制出特性曲线。

（6）根据考核标准和评价单完成小组任务评价。

表3-9-1　器材准备表

序　号	名　　称	型　　号	数　　量

任务计划

1．任务分工

熟悉任务单，按照任务要求进行小组内任务分工，并填入表3-9-2。

表3-9-2　任务分工单

组别	组长	组员	任务分工

2．任务决策

小组学员通过查阅资料、小组讨论的方法进行任务决策，并填入表3-9-3。

表3-9-3　任务决策单

资料名称	查　阅　内　容	日期

视频13 直流斩波电路的
接线与调试.mp4

1. 实操连线图

实操连线图和理论波形图如图3-9-1、图3-9-2所示。

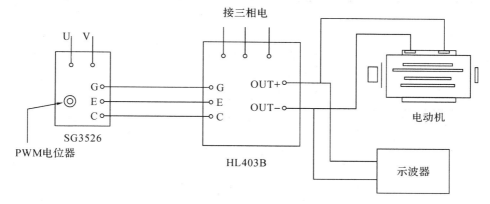

图3-9-1　实操连线示意图

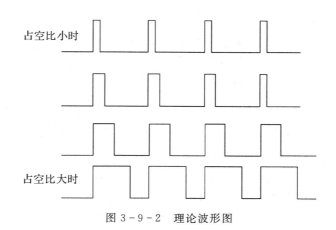

图3-9-2　理论波形图

2. 实操步骤

（1）熟悉原理，并按图3-9-1接线。

（2）将PWM信号发生器的电位器调到最低（旋到底），检查连线无误后接通励磁电源。

（3）接通控制及驱动电源（按实验箱上的绿键），若出现紧急情况，为防止支流电动机损坏，应按红键切断IGBT驱动电压。

（4）十分缓慢地调节电位器，启动电动机。

（5）分几次缓慢调节，记下每次的参量，填入表3-9-4中，并作出数据分析。

表 3 - 9 - 4　实际测量记录表

电机电压/V		
驱动电流/A		
转速/(r/min)		
PWM 占空比		

3. 调试记录

记录以上的实验现象，并小组讨论任务实施过程中出现的故障，进行分析并记录解决办法于表 3 - 9 - 5。

表 3 - 9 - 5　调试记录单

故障记录	故障分析	解决办法

任务评价

请各小组结合所做项目及所学内容，填写本项目评价单，如表 3 - 9 - 6 所示。

表 3 - 9 - 6　评　价　单

班　级		姓名		组别	
组　员				指导教师	
项目名称	直流斩波电路的性能研究				
序　号	评 分 标 准	分数分配	小组评分	教师评分	总得分
一、PWM 信号发生器（10分）	能用万用表判断全控型器件的好坏	2			
	会对集成 PWM 信号发生器进行接线	4			
	能用示波器观察 PWM 信号发生器的输出波形，并记录占空比	4			
二、线路图的设计与知识掌握（40分）	能设计出测试电路接线图	10			
	能合理选择实验设备并按线路图接线	15			
	能对实测电路进行调试，具备发现问题、分析问题、解决问题的能力	10			
	能根据现象得出结论	5			

续表

序号	评分标准	分数分配	小组评分	教师评分	总得分
三、调试(20分)	实验电路接线正确	6			
	实验现象合理	7			
	根据现象得出的结论正确	7			
四、协作精神(10分)	在小组负责人的带领下分工明确,团结协作,按时完成任务	10			
五、拓展能力(10分)	能够举一反三,拓展学习内容	10			
六、安全文明意识(10分)	不遵守规章制度扣5分	10			
	不尊重大家的劳动成果扣3分				
	不讲文明礼貌扣2分				

训练项目十 单相交流调压电路的接线与调试

◆ **教学目标**

(1)加深理解单相交流调压电路的工作原理。

(2)熟悉单相交流调压电路的组成及其工作特点。

(3)了解单相交流调压电路的接线方式。

(4)学会测量单相交流调压电路的波形。

(5)学会调试单相交流调压电路并能分析解决相关问题。

◆ **能力目标**

(1)具备电工基础的相关理论知识。

(2)会使用元器件的使用手册查找相关信息。

(3)具备独立完成电路接线、调试的能力。

(4)具备发现问题、分析问题、解决问题的能力。

(5)具备很好的团队协作能力。

任务分析

1. 任务内容描述

交流调压电路由电源、双向晶闸管及负载构成,主要实现的功能是将固定的交流电变换成大小可调的交流电来供给不同的负载。它广泛应用于电炉的温度控制,灯光调节,异步电动机的软启动和调速等场合,也可以用来调节整流变压器的一次电压。

交流调压电路根据电源的相数可分为单相交流调压电路和三相交流调压电路,其中单相交流调压电路是基础,常用于小功率单相电机控制、照明和电加热控制,本次实操为单相交流调压电路。在此电路中，主电路的双向晶闸管可以用两个反并联的普通晶闸管来构成，采用晶闸管组成的交流调压电路可以很方便地调节输出电压的幅值（或有效值）。

常见的交流调压触发电路有简单有级交流调压电路、触发二极管交流调压电路、单结晶体管触发电路、集成触发器等。本实验采用 TCA785 晶闸管移相触发器，即电路为单相触发电路。该触发器适用于双向晶闸管或两个反并联晶闸管电路的交流相位控制，具有锯齿波线性好、移相范围宽、控制方式简单、易于集中控制、有失交保护、输出电流大等优点。

2. 任务要求

（1）能正确选择项目中使用的仪器、仪表、挂箱，填入表 3 - 10 - 1 中。
（2）会使用万用表对挂箱中的全控型器件进行简易的测试。
（3）会对实验接线图进行接线、测试，并能正确地记录测试结果。
（4）将任务完成过程中出现的问题及解决办法记录于工作单中。
（5）根据测试结果，绘制出特性曲线。
（6）根据考核标准和评价单完成小组任务评价。

表 3 - 10 - 1　器材准备表

序号	名　称	型　号	数　量

任务计划

1. 任务分工

熟悉任务单，按照任务要求进行小组内任务分工，并填入表 3 - 10 - 2。

表 3 - 10 - 2　任务分工单

组别	组长	组员	任　务　分　工

2. 任务决策

小组学员通过查阅资料、小组讨论的方法进行任务决策，填入表 3-10-3。

表 3-10-3　任务决策单

资料名称	查阅内容	日期

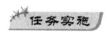任务实施

1. 实操连线图

单相交流调压电路（带电阻性负载）如图 3-10-1 所示。

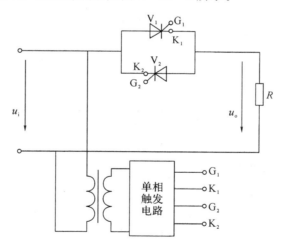

图 3-10-1 单相交流调压电路（带电阻性负载）

2. 实操内容及步骤

　　将 DL03 面板上的两个晶闸管反向并联构成交流调压器，将单相触发电路的输出脉冲端 G_1、K_1，G_2、K_2 分别接至主电路相应晶闸管的门极和阴极，再接上电阻性负载，如图 3-10-1 所示。按下主控制屏上的"启动"按钮，调节单相触发电路中的移相控制电位器 R_{P1}，改变控制角 α，用示波器观察负载两端的电压 u_o 的波形，并将 $\alpha = 30°$、$60°$、$90°$、$120°$时的 u_o 波形绘制于表 3-10-4 中。

视频14 单相交流调压电路
的接线与调试.mp4

表 3 - 10 - 4　实操记录表

控制角 α	α＝30°	α＝60°	α＝90°	α＝120°
u_o波形				

3. 调试记录

记录以上的实验现象，并小组讨论任务实施过程中出现的故障，进行分析并记录解决办法，填写表 3 - 10 - 5。

表 3 - 10 - 5　调试记录单

故障记录	故障分析	解决办法

4. 能力拓展

交流调压器有哪些控制方式？

请各小组结合所做项目及所学内容，填写本项目评价单，如表 3 - 10 - 6 所示。

表 3 - 10 - 6　评　价　单

班级		姓名		组别	
组员				指导教师	
项目名称		单相交流调压电路的接线与调试			

序 号	评 分 标 准	分数 分配	小组 评分	教师 评分	总得分
一、晶闸管触 发电路的调试 （10分）	能用万用表判断晶闸管的好坏	2			
	会对单相触发电路进行简易的测试	4			
	能用示波器观察触发电路的波形	4			
二、线路图的 设计与知识掌 握（40分）	能设计出单相交流调压电路的接线图	10			
	能合理选择实验设备并按线路图接线	15			
	能对实测电路进行调试，具备发现问 题、分析问题、解决问题的能力	10			
	能根据现象得出结论	5			
三、调试（20分）	实验电路接线正确	6			
	实验现象合理	7			
	根据现象得出的结论正确	7			
四、协作精神 （10分）	在小组负责人的带领下分工明确，团 结协作，按时完成任务	10			
五、拓展能力 （10分）	能够举一反三，拓展学习内容	10			
六、安 全 文 明 意识（10分）	不遵守规章制度扣5分	10			
	不尊重大家的劳动成果扣3分				
	不讲文明礼貌扣2分				

训练项目十一　三相交流调压电路的接线与调试

◆ **教学目标**

（1）加深理解三相交流调压电路的工作原理。

（2）熟悉三相交流调压电路的组成及其工作特点。

（3）了解三相交流调压电路的接线方式。

（4）学会测量三相交流调压电路的波形。

（5）学会调试三相交流调压电路并能分析解决相关问题。

◆ **能力目标**

（1）具备电工基础的相关理论知识。

（2）会使用元器件的使用手册查找相关信息。

（3）具备独立完成电路接线、调试的能力。

（4）具备发现问题、分析问题、解决问题的能力。

（5）具备很好的团队协作能力。

任务分析

1. 任务内容描述

三相交流调压电路用于较大功率的电压控制，其接线形式很多，各有其特点，有三相四线制调压电路和三相三线制调压电路。其中，三相四线制调压电路由三个独立的单相交流调压电路组成，有中性线，电路中晶闸管承受的电压、电流就是单相交流调压器的数值。该电路的缺陷是三次谐波在中性线中的电流大，所以中性线的导线截面要求与相线一致。三相三线制调压电路中的三相负载可以是星形连接也可以是三角形连接，该电路的特点是每相电路通过另一相形成回路，因此该电路晶闸管的触发脉冲必须是双脉冲，或者是宽度大于60°的单脉冲。由于该型电路中负载接线灵活，且不用中性线，故是一种较好的三相交流调压电路。选择哪一种具体的电路形式取决于负载的性质和要求的控制范围。此次实操采用的是三相三线制调压电路，触发脉冲使用后沿固定、前沿可变的宽脉冲序列。

2. 任务要求

(1) 能正确选择项目中使用的仪器、仪表、挂箱，填入表3-11-1中。

(2) 会使用万用表对挂箱中的电力电子器件进行简易测试。

(3) 会对实验接线图进行接线、测试，并能正确地记录测试结果。

(4) 将任务完成过程中出现的问题及解决办法记录于工作单中。

(5) 根据测试结果，绘制出特性曲线。

(6) 根据考核标准和评价单完成小组任务评价。

表 3-11-1　器材准备表

序号	名　称	型　号	数　量

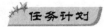 **任务计划**

1. 任务分工

熟悉任务单，按照任务要求进行小组内任务分工，并填入表3-11-2。

表 3-11-2　任务分工单

组别	组长	组员	任务分工

2. 任务决策

小组学员通过查阅资料、小组讨论的方法进行任务决策，填入表3-11-3。

表 3-11-3　任务决策单

表 3-11-3　任务决策单

资料名称	查 阅 内 容	日 期

1. 实操连线图

（1）主回路电路带电阻性负载。

三相交流调压电路带电阻性负载如图 3-11-1 所示。

（2）主回路电路带电阻电感性负载。

三相交流调压电路带电阻电感性负载如图 3-11-2 所示。

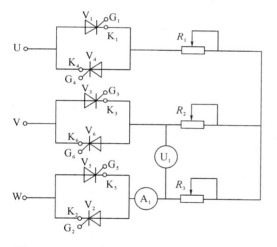

图 3-11-1　三相交流调压电路带电阻性负载

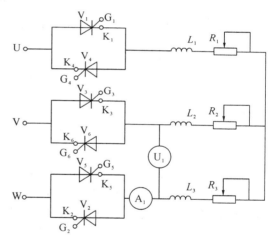

图 3-11-2　三相交流调压电路带电阻电感性负载

（3）触发电路接线。

触发电路结构图如图 3-11-3 所示。

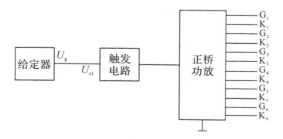

图 3-11-3　触发电路结构图

2．实操内容及步骤

（1）开关设置。

主电源控制屏选择开关置"低"，DL05挂箱"Ⅰ桥脉冲观察孔"的单双脉冲控制开关掷向"单"，"Ⅰ桥触发脉冲"控制开关全部掷向"接通"。此时，Ⅰ桥工作在交流调压状态。

（2）触发脉冲的调节。

将面板上"移相电压U_c"接地，调节"偏移电压U_b"的电位器R_P可改变移相角α。此时，在"Ⅰ桥脉冲观察孔"中观察到的是后沿固定、前沿可调的宽脉冲序列。

（3）三相交流调压器带电阻性负载时的接线与调试。

使用Ⅰ组晶闸管$V_1 \sim V_6$，按图3-11-1连成三相交流调压电路带电阻性负载，其触发脉冲已经通过内部连好，因为"Ⅰ桥触发脉冲"控制开关全部掷向了"接通"，所以可接上三相平衡电阻负载，接通电源，用示波器观察α分别为0°、30°、60°、90°、120°、150°时的输出电压波形，并记录相应的输出电压有效值U于表3-11-4中。

表3-11-4　电阻性负载时测试记录表

α	0°	30°	60°	90°	120°	150°
U						

$\alpha = 60°$时输出电压u的波形。

（4）三相交流调压器带电阻电感性负载时的接线与调试。

断开电源，按图3-11-2连成三相交流调压电路带电阻电感性负载。接通电源，调节三相负载的阻抗角（调节电阻阻值即可），使其为60°，用示波器观察α分别为30°、60°、90°、120°时的输出电压u的波形，并记录输出电压有效值U于表3-11-5中。

表3-11-5　电阻电感性负载时测试记录表

α	30°	60°	90°	120°
U				

画出$\alpha = 60°$时输出电压u的波形。

3．调试记录

记录以上的实验现象，并小组讨论任务实施过程中出现的故障，进行分析并记录解决办法于表 3-11-6。

表 3-11-6 调试记录单

故障记录	故障分析	解决办法

任务评价

请各小组结合所做项目及所学内容，填写本项目评价单，如表 3-11-7 所示。

表 3-11-7 评 价 单

班 级		姓 名		组 别	
组 员			指导教师		
项目名称	三相交流调压电路的接线与调试				

序 号	评分标准	分数分配	小组评分	教师评分	总得分
一、晶闸管触发电路的调试（10分）	能用万用表判断晶闸管的好坏	2			
	会对三相触发电路进行简易测试	4			
	能用示波器观察触发电路的波形	4			
二、线路图的设计与知识掌握（40分）	能设计出三相交流调压电路的接线图	10			
	能合理选择实验设备并按线路图接线	15			
	能对实测电路进行调试，具备发现问题、分析问题、解决问题的能力	10			
	能根据实验现象得出结论	5			
三、调试（20分）	实验电路接线正确	6			
	实验现象合理	7			
	根据现象得出的结论正确	7			
四、协作精神（10分）	在小组负责人的带领下分工明确，团结协作，按时完成任务	10			
五、拓展能力（10分）	能够举一反三，拓展学习内容	10			
六、安全文明意识（10分）	不遵守规章制度扣5分	10			
	不尊重大家的劳动成果扣3分				
	不讲文明礼貌扣2分				

训练项目十二　单相并联逆变电路的接线与调试

◆ **教学目标**

(1) 加深理解单相并联逆变器的工作原理，并了解各元件的作用。

(2) 熟悉单相并联逆变电路的组成及其工作特点。

(3) 了解单相并联逆变器对触发脉冲的要求。

(4) 了解单相并联逆变器带电阻、电阻电感性负载时的工作情况。

(5) 学会调试单相并联逆变器带电阻、电阻电感性负载时的电路。

◆ **能力目标**

(1) 具备电工基础的相关理论知识。

(2) 会使用元器件的使用手册查找相关信息。

(3) 具备独立完成电路接线、调试的能力。

(4) 具备发现问题、分析问题、解决问题的能力。

(5) 具备很好的团队协作能力。

任务分析

1. 任务内容描述

逆变电路的 24 V 直流电源可由外电路加入。只要交替地导通与关断晶闸管 V_1、V_2 就能在逆变变压器的副边得到交流电压，其频率取决于 V_1、V_2 的交替通断频率。触发电路由振荡器、JK 触发器及脉冲变压器组成，如图 3-12-1(b) 所示。

单相并联逆变电路的主电路工作原理：假定先触发 V_1，则 V_1 和 VD_1 导通；直流电源经 V_1、VD_1 接到变压器原边绕组"2"端、"1"端，变压器副边感应电压为"5"端正、"4"端负。V_1 导通后，C 通过 VD_2、V_1 及 L_1 很快充电至 48 V，极性右正左负。此时，电容电压已为关断 V_1 做好准备。预关断 V_1 时，触发导通 V_2，V_2 导通后，电容电压经 V_2 给 V_1 加上反向电压，使之关断。此时，电源电压经 V_2、VD_2 加到变压器原边绕组的"2"端，"3"端，副边感应电压也改变方向，变为"4"端正、"5"端负。这样在变压器副边，即在负载端得到一个交变的电压。

换流电容 C 是用来强迫关断晶闸管的，其容量不能太小，否则无法换流；但也不能太大，过大会增加损耗，降低逆变器的效率。L_1 为限流电感，其作用是限制电容充放电电流；VD_1、VD_2 为隔离二极管，用来防止电容通过逆变变压器的原边绕组放电。VD_3、VD_4 为反馈二极管，为限流电感 L_1 提供一条释放磁能的通路。

2. 任务要求

(1) 能正确选择项目中使用的仪器、仪表、挂箱，填入表 3-12-1 中。

(2) 会使用万用表对挂箱中的电力电子器件进行简易测试。

(3) 会对实验接线图进行接线、测试，并能正确地记录测试结果。

(4) 将任务完成过程中出现的问题及解决办法记录于工作单中。

(5) 能根据测试结果，绘制出特性曲线。

（6）能根据考核标准和评价单完成小组任务评价。

表 3 - 12 - 1　器材准备表

序　号	名　　称	型　号	数　量

任务计划

1. 任务分工单

熟悉任务单，按照任务要求进行小组内任务分工，并填入表 3 - 12 - 2。

表 3 - 12 - 2　任务分工单

组别	组长	组员	任　务　分　工

2. 任务决策

小组学员通过查阅资料、小组讨论的方法进行任务决策，并填入表 3 - 12 - 3。

表 3 - 12 - 3　任务决策单

资料名称	查　阅　内　容	日　期

任务实施

1. 实操连线图

单相并联逆变实验线路图如图 3 - 12 - 1 所示。

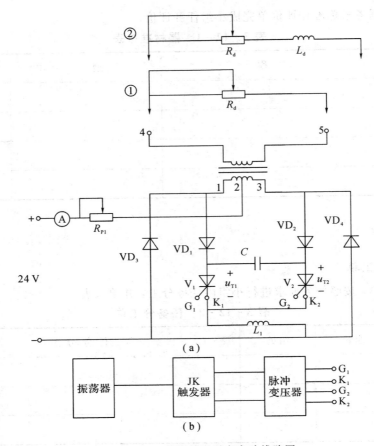

图 3-12-1　单相并联逆变实验线路图

2. 实操内容及实操步骤

1）触发电路调试

用示波器观察振荡器输出端"1"端的波形，调节 R_{P1}，观察其频率是否连续可调；观察 JK 触发器输出端"2"、"3"端波形的频率是否是"1"端的一半，且是否"2"、"3"端波形的相位正好相差 180°。调节 R_{P1}，使"1"端输出频率为 100 Hz 左右，观察"4"端、"5"端及输出脉冲 u_{G1}、u_{G2} 的波形，确定逆变器触发电路工作是否正常。

2）单相并联逆变电路接电阻性负载时的接线与调试

（1）按图 3-12-1（a）接线，其中限流电阻 R_{P1} 应使得主电路电流不大于 0.65 A。换流电容 C 应由电容箱接入，其数值可以根据需要进行调节，一般可调到 10 μF 左右。将触发电路的输出脉冲分别接至相对应的晶闸管的门极和阴极。负载为电阻性负载（图 3-12-1 中①部分），用示波器观察并记录输出电压 u_o，晶闸管两端电压 u_{T1}、u_{T2}，换流电容电压 u_C，限流电感电压 u_{L1} 的波形，并记录输出电压 u_o 和频率 f_o 的数值于表 3-12-4 中。调节 R_{P1}，观察各波形的变化情况。

表 3 - 12 - 4　测量值记录表一

输出电压 u_o	频率 f_o	波形记录：

（2）改变换流电容 C 的电容值，观察逆变器是否能正常工作。

（3）单相并联逆变电路接电阻电感性负载。断开电源，将图 3 - 12 - 1 中的负载改接成电阻电感性负载（图 3 - 12 - 1 中②部分），然后重复（1）的后半部分及（2），并将结果记录于表 3 - 12 - 5 中。

表 3 - 12 - 5　测量值记录表二

输出电压 u_o	频率 f_o	波形记录：

3. 调试记录

记录以上的实验现象，并小组讨论任务实施过程中出现的故障，进行分析并记录解决办法于表 3 - 12 - 6。

表 3 - 12 - 6　调试记录单

故障记录	故障分析	解决办法

任务评价

请各小组结合所做项目及所学内容，填写本项目评价单，如表 3 - 12 - 7 所示。

表 3-12-7 评 价 单

班 级		姓 名		组 别	
组 员				指导教师	
项目名称		单相并联逆变电路的接线与调试			

序 号	评分标准	分数分配	小组评分	教师评分	总得分
一、触发电路的调试(10分)	能用万用表判断晶闸管的好坏	2			
	会对触发电路进行简易测试	4			
	能用示波器观察触发电路的波形	4			
二、线路图的设计与知识掌握(40分)	能设计出单相并联逆变电路的接线图	10			
	能合理选择实验设备并按线路图接线	15			
	能对实测电路进行调试,具备发现问题、分析问题、解决问题的能力	10			
	能根据实验现象得出结论	5			
三、调试(20分)	实验电路接线正确	6			
	实验现象合理	7			
	根据现象得出的结论正确	7			
四、协作精神(10分)	在小组负责人的带领下分工明确,团结协作,按时完成任务	10			
五、拓展能力(10分)	能够举一反三,拓展学习内容	10			
六、安全文明意识(10分)	不遵守规章制度扣5分	10			
	不尊重大家的劳动成果扣3分				
	不讲文明礼貌扣2分				

训练项目十三　三相半波有源逆变电路的接线与调试

◆ 教学目标

(1) 加深对三相半波有源逆变电路工作原理的理解。

(2) 熟悉三相半波有源逆变电路的组成及其工作特点。

(3) 了解三相半波有源逆变电路对触发脉冲的要求。

(4) 了解三相半波有源逆变电路的优缺点。

(5) 掌握三相半波有源逆变电路的调试方法。

◆ **能力目标**

(1) 具备电工基础的相关理论知识。

(2) 能熟练使用元器件手册查找相关信息。

(3) 具备独立完成电路接线、调试的能力。

(4) 具备发现问题、分析问题、解决问题的能力。

(5) 具备很好的团队协作能力。

1. 任务内容描述

三相半波有源逆变电路的主电路的整流元件为三个晶闸管，其原理是通过控制 V_1、V_2、V_3 的触发脉冲来控制晶闸管的移相角，使之在 90°～150°范围内变化，实现逆变。

2. 任务要求

(1) 能正确选择项目中使用的仪器、仪表、挂箱，填入表 3－13－1 中。

(2) 会使用万用表对挂箱中的电力电子器件进行简易测试。

(3) 会对实验接线图进行接线、测试，并能正确地记录测试结果。

(4) 将任务完成过程中出现的问题及解决办法记录于工作单中。

(5) 根据测试结果绘制曲线。

(6) 根据考核标准和评价单完成小组任务评价。

表 3－13－1　器材准备表

序　号	名　　称	型　　号	数　　量

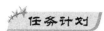

1. 任务分工

熟悉任务单，按照任务要求进行小组内任务分工，并完成表 3－13－2。

表 3－13－2　任务分工单

组别	组长	组员	任　务　分　工

2. 任务决策

小组学员通过查阅资料、小组讨论的方法进行任务决策，并完成表 3-13-3。

表 3-13-3 任务决策单

资料名称	查 阅 内 容	日 期

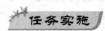 任务实施

1. 实操连线图

三相半波有源逆变电路如图 3-13-1 所示。

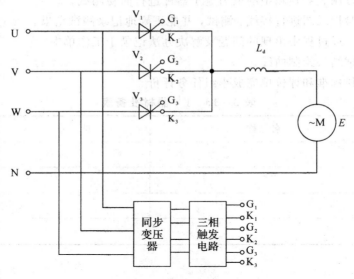

图 3-13-1 三相半波有源逆变电路

2. 实操内容及实操步骤

1）主控制屏 DL01 的调试

（1）观察面板上三相交流电源的电压指示表看三相是否平衡。

（2）开关设置。调速电源选择开关置于"直流调速"。

（3）将示波器探头接至"Ⅰ桥脉冲观察孔"和"锯齿波观察孔"，观察 6 个触发脉冲，应使其间隔均匀，相互间隔 60°。

（4）将面板上"移相电压 U_c"接地，调节"偏移电压 U_b"的电位器 R_P，使 $U_b=0$。此时对应的移相角最大为 150°。

此时的锯齿波电压 u_2 与触发脉冲电压 u_G 的波形如图 3-13-2 所示。

（5）将 DL05 面板上"Ⅰ桥触发脉冲"的 6 个开关拨到"接通"，用示波器观察晶闸管的门极与阴极的触发脉冲是否正常。

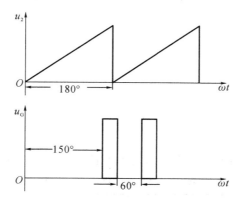

图 3-13-2 锯齿波电压与触发脉冲电压波形图

2）三相半波有源逆变电路调试

调节 DL01 上"偏移电压"的电位器 R_P，使 α 角在 $90°\sim150°$ 范围内变化，观察并记录 α 分别为 $90°$，$120°$，$150°$ 时电路中输出电压 U_d 的波形，并记录相应的输出电压 U_d、偏移电压 U_b 数值于表 3-13-4 中。

表 3-13-4 测量数据记录表

α	$90°$	$120°$	$150°$
U_d			
U_b			

波形记录：

3. 调试记录

记录以上的实验现象，并小组讨论任务实施过程中出现的故障，进行分析并记录解决办法于表 3-13-5。

表 3-13-5 调试记录单

故障记录	故障分析	解决办法

4. 能力拓展

任何一个整流电路都可以实现有源逆变吗？简单说明原因。

任务评价

请各小组结合所做项目及所学内容填写本项目评价单，如表 3－13－6 所示。

表 3－13－6 评 价 单

班级			姓名		组别	
组员					指导教师	
项目名称		三相半波有源逆变电路的接线与调试				
序 号	评分标准		分数分配	小组评分	教师评分	总得分
一、触发电路的调试（10分）	能用万用表判断晶闸管的好坏		2			
	会对三相触发电路进行简易测试		4			
	能用示波器观察三相触发电路的波形		4			
二、线路图的设计与知识掌握（40分）	能设计出三相半波有源逆变电路的接线图		10			
	能合理选择实验设备并按线路图接线		15			
	能对实测电路进行调试，具备发现问题、分析问题、解决问题的能力		10			
	能根据实验现象得出结论		5			
三、调试（20分）	实验电路接线正确		6			
	实验现象合理		7			
	根据现象得出的结论正确		7			
四、协作精神（10分）	在小组负责人的带领下分工明确，团结协作，按时完成任务		10			
五、拓展能力（10分）	能够举一反三，拓展学习内容		10			
六、安全文明意识（10分）	不遵守规章制度扣5分		10			
	不尊重大家的劳动成果扣3分					
	不讲文明礼貌扣2分					

第四章 综合训练项目

训练项目一 晶闸管整流电路供电的开环 直流调速系统的接线与调试

◆ **教学目标**

（1）加深对整流电路的设计与接线的理解。

（2）熟悉整流电路的组成及作用。

（3）了解整流电路的原理。

（4）了解整流电路的应用。

（5）掌握晶闸管整流电路供电的开环直流调速系统的调试方法。

◆ **能力目标**

（1）具备电工基础的相关理论知识。

（2）能熟练使用元器件手册查找相关信息。

（3）具备独立完成电路接线、调试的能力。

（4）具备发现问题、分析问题、解决问题的能力。

（5）具备很好的团队协作能力。

任务分析

1. 任务内容描述

调压调速是直流电动机采用的主要调速方法，这种调速方法需要有专门的、连续可调的直流电源供电。能为直流电动机提供连续可调的直流电源的电路有三种，分别是旋转变流机组供电（G－M 系统）、晶闸管整流电路供电（V－M 系统）、直流斩波器供电系统。其中，由晶闸管整流电路供电的直流调速系统的经济性和可靠性很高，且在技术性能上有一定优势。

2. 任务要求

（1）能正确选择项目中使用的仪器、仪表、挂箱，填入表 4－1－1 中。

（2）会使用万用表对挂箱中的电力电子器件进行简易测试。

（3）会对实验接线图进行接线、测试，并能正确地记录测试结果。

（4）将任务完成过程中出现的问题及解决办法记录于工作单中。

（5）根据测试结果绘制曲线。

（6）根据考核标准和评价单完成小组任务评价。

表 4 - 1 - 1 器材准备表

序号	名 称	型 号	数 量

任务计划

1. 任务分工

熟悉任务单,按照任务要求进行小组内任务分工,并完成表 4 - 1 - 2。

表 4 - 1 - 2 任务分工单

组别	组长	组员	任务分工

2. 任务决策

小组学员通过查阅资料、小组讨论的方法进行任务决策,并完成表 4 - 1 - 3。

表 4 - 1 - 3 任务决策单

资料名称	查 阅 内 容	日 期

任务实施

1. 实操连线图

直流电动机的开环调速系统原理图如图 4 - 1 - 1 所示。

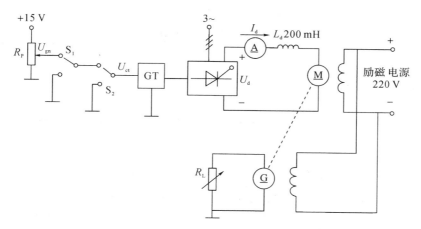

图 4-1-1　直流电动机的开环调速系统原理图

2. 实操内容及实操步骤

1）连接线路

（1）对照原理图（见图 4-1-1）在"RXZD-1"实验装置上找
到各单元电路及输入、输出插座。

视频15　开环直流调速系统
的接线与调试.mp4

（2）按照图 4-1-1 接线。其中，整流电路接成三相桥式（用
DL05 挂箱的"Ⅰ桥"（$V_1 \sim V_6$）；平波电抗器 L_d 选 200 mH；R_L 为负载灯箱）。

（3）将电源控制屏上的"调压开关"置于"低"端；将 DL07 挂箱中"给定器"的电位器（给
定电位器）R_P 调到最小值（即逆时针旋到底）；将 DL05 挂箱中Ⅰ桥触发电路的"脉冲选择开
关"置于"双"位置，将 6 路触发脉冲通断开关均置于"接通"位置。

2）测量控制特性 $U_d = f(U_{gn})$

电路经老师检查后，先闭合电源控制屏上的励磁电源开关，按下电源启动按钮，接通
DL07 挂箱的电源开关。将"给定器"中转换开关 S_1、S_2 均置于上方位置，然后按顺时针方向
缓慢调节给定电位器 R_P，使给定电压 U_{gn} 逐渐增大。按表 4-1-4 的要求，用数字式万用表
的直流电压挡（200 V 量限）测量 U_{gn} 对应的电枢电压 U_d，并记录于表 4-1-4 中，再计算放
大倍数 K_u。测量完毕后，将给定电压 U_{gn} 调回 0 V，关断总电源。

表 4-1-4　实训记录一

U_{gn}/V							
U_d/V							

3）测量 U_{ct} 不变时的直流电动机的开环外特性（外特性又称机械特性）$n = f(I_d)$

（1）电路不变，在电源启动前应将给定电压 U_{gn} 调至 0 V（即逆时针旋到底），负载电阻
R_L 为开路状态（即将负载灯箱所有灯的开关都置于"关断"位置）。电路检查无误后，开启电
源，然后调节给定电位器 R_P，使给定电压 U_{gn} 从 0 V 开始逐渐增大，直到电机转速达到
1500 r/min（由转速表读取）。

（2）增大负载（即逐一闭合各灯的开关），观察并记录不同负载下的电枢电流 I_d 及电机

转速 n，直至 $I_d = I_N = 1$ A，将结果记录于表 $4-1-5$ 中。

表 4-1-5 实训记录二

灯数	0	1	2	3	4	5
转速 $n/(\mathrm{r/min})$	1500					
电流 I_d/A						

测量完毕后，将给定电压 U_{gn} 调回 0 V，关断总电源。

4）测量 U_d 不变时的直流电动机的开环外特性 $n = f(I_d)$

（1）电路同前，断开负载（即断开灯箱中所有灯的开关），检查给定电压 U_{gn} 是否为 0 V，无误后，开启电源，然后调节给定电位器 R_P，使 U_{gn} 逐渐增大，直至电机转速达到 1200 r/min。

（2）用数字式万用表直流电压挡测量电枢电压 U_d，增大负载（逐一闭合各灯的开关），测出在 U_d 不变时的电枢电流 I_d 及电机转速 n，直至 $I_d = I_N = 1$ A 为止。保持 U_d 不变是通过不断调节给定电压 U_{gn}（增大）来实现的，最后将测量结果记录于表 $4-1-6$ 中。

表 4-1-6 实训记录三

灯数	0	1	2	3	4
转速 $n/(\mathrm{r/min})$	1200				
电流 I_d/A					

3. 训练报告

（1）整理实验数据，认真填写表格。

（2）根据表 $4-1-4$ 的测量数据，绘制控制特性曲线。

（3）根据表 $4-1-5$ 的测量数据，绘制 U_{ct} 不变时的直流电动机的开环外特性曲线。

（4）根据表 $4-1-6$ 的测量数据，绘制 U_d 不变时的直流电动机的开环外特性曲线。

（5）比较三种特性曲线的异同，并做出解释。

4. 调试记录

记录以上实验现象，并小组讨论任务实施过程中出现的故障，然后对故障进行分析及记录解决办法于表 $4-1-7$。

表 4-1-7 调试记录单

故障记录	故障分析	解决办法

任务评价

请各小组结合所做项目及所学内容，填写本项目评价单，如表 $4-1-8$ 所示。

表 4 - 1 - 8　评　价　单

班　级		姓　名		组　别		
组　员				指导教师		
项目名称		晶闸管整流电路供电的开环直流调速系统的接线与调试				
序　号	评分标准		分数分配	小组评分	教师评分	总得分
一、触发电路的调试(10分)	能用万用表判断晶闸管的好坏		2			
	会对三相触发电路进行简易测试		4			
	会测量触发电路的输出波形		4			
二、线路图的设计与知识掌握(40分)	能合理选择实验设备并按线路图接线		10			
	能测量系统的控制特性和外特性,并能画出曲线		15			
	能对实测电路进行调试,具备发现问题、分析问题、解决问题的能力		10			
	能根据实验现象得出结论		5			
三、调试(20分)	实验电路接线正确		6			
	实验现象合理		7			
	根据现象得出的结论正确		7			
四、协作精神(10分)	在小组负责人的带领下分工明确,团结协作,按时完成任务		10			
五、拓展能力(10分)	能够举一反三,拓展学习内容		10			
六、安全文明意识(10分)	不遵守规章制度扣5分		10			
	不尊重大家的劳动成果扣3分					
	不讲文明礼貌扣2分					

训练项目二　晶闸管整流电路供电的单闭环直流调速系统的接线与调试

◆ **教学目标**

(1) 加深理解整流电路的设计与接线。

(2) 熟悉整流电路的组成及作用。

(3) 了解整流电路的原理及应用。

(4) 掌握晶闸管可控整流电路供电的单闭环直流调速系统的调试方法。

◆ **能力目标**

(1) 具备电工基础的相关理论知识。

（2）能熟练使用元器件手册查找相关信息。

（3）具备独立完成电路的接线、调试的能力。

（4）具备发现问题、分析问题、解决问题的能力。

（5）具备很好的团队协作能力。

 任务分析

1. 任务内容描述

晶闸管整流电路供电的开环直流调速系统的机械特性较软，系统的调速范围较小，静差率较大。然而，一般生产机械对静差率和调速范围都有一定要求，这时开环调速系统已不能满足生产机械的稳态性能指标，必须采用闭环调速系统来改善系统的稳态特性。

根据反馈控制理论，要保持转速基本稳定，可以引入该量的负反馈环节。因此，在开环调速系统的基础上引入转速负反馈环节构成转速负反馈单闭环直流调速系统，其工作原理是在开环调速系统原理的基础上增设了转速负反馈检测环节和电压放大环节实现的。

2. 任务要求

（1）能正确选择项目中使用的仪器、仪表、挂箱，并填入表4-2-1中。

（2）会使用万用表对挂箱中的电力电子器件进行简易测试。

（3）会对实验接线图进行接线、测试，并能正确地记录测试结果。

（4）将任务完成过程中出现的问题及解决办法记录于工作单中。

（5）根据测试结果绘制曲线。

（6）根据考核标准和评价单完成小组任务评价。

表4-2-1　器材准备表

序号	名　称	型　号	数　量

任务计划

1. 任务分工

熟悉任务单，按照任务要求进行小组内任务分工，并完成表4-2-2。

表4-2-2　任务分工单

组别	组长	组员	任务分工

2. 任务决策

小组学员通过查阅资料、小组讨论的方法进行任务决策，并完成表 4－2－3。

表 4－2－3　任务决策单

资料名称	查阅内容	日期

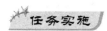

1. 实操连线图

转速反馈单闭环直流调速系统如图 4－2－1 所示。

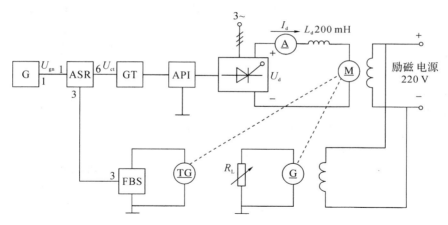

G—给定器；ASR—速度调节器；GT—触发电路；R_L—负载灯箱；
API—触发脉冲放大器；FBS—速度变换器；TG—测速发电机

图 4－2－1　转速反馈单闭环直流调速系统

2. 实操内容及实操步骤

1）基本单元部件调试

（1）确定移相控制电压 U_{ct} 的最大值 U_{ctmax}。

调试电路如图 4－2－2 所示，直接将给定电压 U_{gn}（正电压）接至触发器的移相控制电压 U_{ct} 的输入端，晶闸管整流桥接至负载灯箱（即将两个相同功率的灯泡串联），用示波器观察 U_d 的波形。当 U_{ct} 由零调大时，U_d 随 U_{ct} 的增大而增大，当 U_{ct} 调到某一值 U_{ct}' 时 U_d 最大（此时在一个周期内出现首尾相接的 6 个波头）。当 U_{ct} 超过 U_{ct}' 时，U_d 出现缺少波头的现象，这时 U_d 反而随 U_{ct} 的增大而减小。一般可确定移相控制电压 U_{ct} 的最大允许值为 $U_{ctmax}=0.9U_{ct}'$，即 U_{ct} 的允许调节范围是 $0\sim U_{ctmax}$。记录 U_{ctmax} 后，拆除电路。

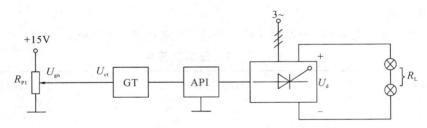

图 4-2-2 调试电路

（2）速度调节器的调整。

视频16 速度调节器的
参数整定.mp4

① 零输入时，零输出：按下电源控制屏上的电源启动按钮，闭合 DL07 挂箱的电源开关，在挂箱上找到速度调节器（ASR），将速度调节器（ASR）的所有输入端短接并接地，即用导线将 ASR 的"4"、"5"两点短接，使速度调节器成为比例（P）调节器。调节 ASR 中的调零电位器，使 ASR 的输出"6"点电压为零。

② 负给定时，正限幅：把"速度调节器（ASR）"的"4"、"5"点的短路线去掉，使速度调节器成为比例积分（PI）调节器，然后将"给定器"的输出端"1"点接到"速度调节器"的输入端"1"点，用数字式万用表的直流电压挡（20 V 挡）测量 ASR 的输出端"6"点的电压。当加一定的负给定（如调整 U_{gn} 为 -1.2 V）时，调整正限幅电位器 R_{P2}，使 ASR 的输出正限幅值为 U_{ctmax}。

③ 正给定时，负限幅为 0：ASR 成为比例积分调节器（PI），"给定器"输出端"1"点接 ASR 的输出端"6"点，当加一定的正给定（如调整 U_{gn} 为 +1.2 V）时，调整 ASR 的负限幅电位器 R_{P3}，使其输出负限幅值近似为 0（绝对值最小即可）。

（3）转速反馈系数的整定。

直接将"给定器"电压 U_{gn} 接至"触发电路"的移相控制电压输入端即 U_{ct} 端，"三相桥式全控整流电路"的输出端接至直流电动机的电枢绕组，L_d 选 200 mH 的电抗器，直流电动机励磁绕组接上"励磁电源"。

按下启动按钮，接通励磁电源，从零开始逐渐增大正给定电压，使直流电动机提速到 $n=1500$ r/min。调节"速度变换器（FBS）"上的 R_P，使其输出端"3"点的电压为 +6 V，用数字式万用表测量其值，若极性不正确，将 FBS 输入端的两个线头对调即可），这时的转速反馈系数为

$$\alpha = \frac{U_{fn}}{n} = \frac{6}{1500} = 0.004 \text{ V/(r/min)} \qquad (4-2-1)$$

式（4-2-1）中，U_{fn} 表示转速反馈电压。

2）转速反馈单闭环（有静差）直流调速系统

视频17 转速反馈系数的整定.mp4

（1）按图 4-2-1 接线，在本实验中"给定器"电压 U_{gn} 为负给定，转速反馈电压 U_{fn} 为正电压，将"速度调节器（ASR）"的"4"、"5"点用导线短接，使 ASR 成为比例（P）调节器。直流电动机负载为"灯箱"，电抗器 L_d 选 200 mH，将"给定器"调至零。

（2）电路经老师检查后，电动机先轻载（关断灯箱所有灯泡的开关），再开启总电源开关，按下启动按钮，从零开始逐渐调大负"给定器"电压 U_{gn}，使电动机转速达到 $n = 1500$ r/min。

视频18 转速负反馈单闭环直流调速系统接线与调试.mp4

（3）由小到大增加负载（即逐个闭合灯泡开关），测出电动机的电枢电流 I_d 和电动机的转速 n，直至 $I_d = I_N = 1$ A，即可测出有静差系统的静态特性 $n = f(I_d)$，将测量结果记录于表 $4 - 2 - 4$ 中。

表 4 - 2 - 4　实验记录表一

负载灯数/只	0	1	2	3	4	5
转速 n/(r/min)	1500					
电流 I_d/A						

（4）测量完毕后，将"给定器"电压调回至零，关断电源。

3）转速反馈单闭环（无静差）直流调速系统

（1）电路不变，只需将"速度调节器（ASR）"的"4"、"5"点间的连线去掉，使 ASR 成为比例积分（PI）调节器。

（2）方法同前。开启电源后，增加"负给定"，使电机转速达到 $n = 1500$ r/min。

（3）由小到大增加负载（逐个闭合灯的开关），测电枢电流 I_d 和电机转速 n，即可测出无静差系统的静态特性 $n = f(I_d)$。将测量结果记录于表 $4 - 2 - 5$ 中。

表 4 - 2 - 5　实验记录表二

负载灯数/只	0	1	2	3	4	5
转速 n/(r/min)	1500					
电枢电流/A						

3. 训练报告

（1）整理实验数据（填写表格）。

（2）根据表 $4 - 2 - 4$ 和表 $4 - 2 - 5$ 测量数据，在同一坐标系上绘制有静差和无静差的转速反馈单闭环直流调速系统的机械特性曲线。

（3）比较两种机械特性的异同，并做出解释。

4. 调试记录

记录以上实验现象，小组讨论任务实施过程中出现的故障，然后对故障进行分析并记录解决办法于表 $4 - 2 - 6$。

表 4 - 2 - 6　调试记录单

故障记录	故障分析	解决办法

任务评价

请各小组结合所做实验及所学内容，填写本实验评价单，如表 4－2－7 所示。

表 4－2－7 评 价 单

班　级		姓　名		组　别		
组　员				指导教师		
项目名称		晶闸管整流电路供电的单闭环直流调速系统的接线与调试				
序　号	评 分 标 准		分数分配	小组评分	教师评分	总得分
一、触发电路的调试(10分)	能用万用表判断晶闸管的好坏		2			
	会对三相触发电路进行简易测试		4			
	会测量触发电路的输出波形		4			
二、线路图的设计与知识掌握(40分)	能合理选择实验设备并按线路图接线		10			
	能测量系统的机械特性，并能画出曲线		15			
	能对实测电路进行调试，具备发现问题、分析问题、解决问题的能力		10			
	能根据实验现象得出结论		5			
三、调试(20分)	实验电路接线正确		6			
	实验现象合理		7			
	根据现象得出的结论正确		7			
四、协作精神(10分)	在小组负责人的带领下分工明确，团结协作，按时完成任务		10			
五、拓展能力(10分)	能够举一反三，拓展学习内容		10			
六、安全文明意识(10分)	不遵守规章制度扣5分		10			
	不尊重大家的劳动成果扣3分					
	不讲文明礼貌扣2分					

附录1　实训平台简介

电力电子实训设备采用许昌瑞信公司生产的 RXZD－1 型电力电子及电机控制技术实训装置。该公司生产的电力电子与电机控制系列教学仪器是在吸收了国内外先进教学仪器的优点，并结合电力电子与电机控制实训教学的最新发展，从性能上、结构上进行改造和创新而研制成的实训设备。在该实训装置上可以完成"电力电子技术"、"直流调速系统"、"交流调速系统"、"自动控制原理"等课程所开设的主要实训。该公司还根据控制领域技术的新发展，不断添加新的实训项目，以保证其产品始终适合实训教学的需要。实训装置外观图见附图 1－1－1。

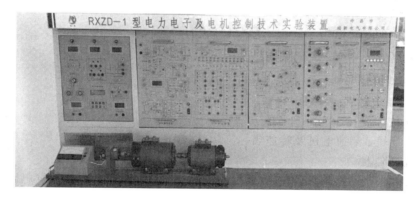

附图 1－1－1　RXZD－1 型电力电子及电机控制技术实训装置

附 1－1　技术特性

1. 特点

（1）该装置采用组件挂箱式结构，可根据不同的实训内容进行组合，结构紧凑、使用方便、功能齐全、综合性好。

（2）所用电路均采用成熟的电子线路，结合现代电子技术的发展，具有集成度高、外围电路简单的特点。

（3）控制电路全部采用 MCU 等微处理器集成芯片，可靠性强。数码显示采用数字显示方式，具有显示数据直观、精确、响应快的特点。该装置具有完善的保护功能和抗干扰能力，设备运行的可靠性显著提高。

（4）新增了元器件 GTO、GTR、IGBT 和 MOSFET 的驱动电路研究，使本实训装置能紧跟科学前沿，反映电力电子器件方面的最新研究成果。

（5）装置布局合理、外形美观，面板示意图明确、直观。电路连线采用插接件方式，迅速简便。除实训控制屏、组件挂箱，还设置有试验用台，内可放置机组、实训仪、试验仪表等，并且该装置有可抽动的加长板，使实训操作舒服、方便。电机采用导轨式安装，更换方便简洁，试验台底部安有轮子，移动方便。

2．技术参数

（1）输入交流 380 V，三相四线，误差 10％，（50±1）Hz；

（2）装置容量＜1 kV·A；

（3）工作环境的条件：环境温度范围为－5～40℃；相对湿度＜75％；海拔＜1000 m；

（4）电机容量＜20 kW。

附 1－2　配置的组件

1．实训机组

（1）直流复励电动机；

（2）直流并励电动机；

（3）三相异步鼠笼电动机；

（4）三相绕线式异步电动机；

（5）单相异步电动机；

（6）直流发电机。

2．实训组件及挂箱

（1）DL01 电源控制屏；

（2）实训桌；

（3）电机导轨、测速电机及转速表；

（4）滑线变阻器；

（5）DL05 挂箱：三相触发电路（Ⅰ桥主电路、Ⅱ桥主电路、Ⅰ桥触发电路、Ⅱ桥触发电路）；

（6）DL06 挂箱：晶闸触发电路（单结晶体管同步移相触发电路、正弦波同步移相触发电路、锯齿波同步移相触发电路）；

（7）DL07 挂箱：电机调速挂箱（G：给定器；FBC＋FA：电流反馈及过流保护；FBS：转速变换器；ASR：速度调节器；ACR：电流调节器；AR：反号器；DPT：转矩极性鉴别器；DPZ：零电流检测器；DLC：逻辑控制器）；

（8）DL08 挂箱：直流斩波触发电路；

（9）DL09 挂箱：可调电容箱；

（10）DL10 挂箱：新元器件驱动电路（GTO 驱动电路、GTR 驱动电路、IGBT 驱动电路、MOSFET 驱动电路）；

（11）DL11 挂箱：新元器件主电路（GTO 主电路、GTR 主电路、IGBT 主电路、MOSFET 主电路）；

（12）DL12 挂箱：单相异步电动机 SPWM 变频调速电路；

（13）DL13 挂箱：三相异步电动机 SPWM 变频调速电路；

（14）DL14 挂箱：变频器电路；

（15）DL15 挂箱：给定负载及吸收电路；

（16）高可靠性电路连线及配件；

（17）合理的电源设计。

附录 2 实训装置控制组件(挂箱)介绍

附 2 - 1 电源控制屏

电源控制屏为电力电子实训提供三相交流电源和直流电动机的励磁电源,其面板如附图 2 - 1 - 1 所示。

1. 电源控制部分

电源控制部分由电源总开关、启动按钮及停止按钮组成,其主要功能是控制电源控制屏的各项功能。当打开电源总开关时,红灯亮;当按下启动按钮后,红灯灭,绿灯亮,此时控制屏的三相主电路及励磁电源都有电压输出。

打开电源控制屏后面的铁门,将三相断路器合上,设备上电,再将面板上的钥匙开关打开,则数字电压表会显示三相电源的线电压。

2. 三相交流电源输出

三相主电路输出可提供三相交流 200V/3A 或 240V/3A 电源。输出的电压大小由"输出电压转换"控制。同时,在主电源输出回路中还装有电流互感器,它可测定主电源输出电流的大小,供电流反馈和过流保护使用。面板上的 TA1、

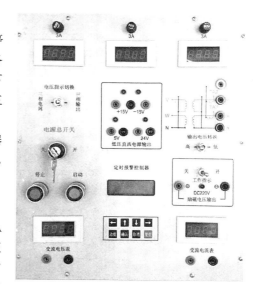

附图 2 - 1 - 1 电源控制屏面板图

TA2、TA3 三处观测点用于观测三路电流互感器的输出电压信号。

3. 励磁电源

本控制屏可为直流电动机提供 220 V 直流励磁电源。使用该电源时,应将励磁电源开关拨至"开"的位置。按下启动按钮后,励磁电源"工作"指示灯会亮。若不亮,则说明励磁电源的保险熔断,应更换同规格的熔断管。

4. 定时报警控制器

定时报警控制器可设定实训时间、定时报警和切断电源等,用其下方的仪表盘即可实现复位和时间设定等功能。

5. 低压直流电源输出

低压直流电源输出可提供 +15 V、-15 V、5 V 和 24 V 的直流电压。

附 2 - 2 DL05 挂箱(三相变流桥路及主电路部分)

该面板部分装有 12 个晶闸管、6 只整流二极管、同步电压观察孔、锯齿滤波观察孔、

移相电压显示、外给定移相电压、移相电压输入、Ⅰ桥脉冲观察孔、Ⅱ桥脉冲观察孔、Ⅰ桥主电路、Ⅱ桥主电路电抗器等。DL05 挂箱面板图如附图 2-2-1 所示。

1．功率半导体器件

在附图 2-2-1 中，由 VT1～VT6 组成正组桥（Ⅰ桥），一般不可逆，可逆系统的正桥、交-直-交变频的整流部分均使用正组桥元件；由 VT1′～VT6′组成反组桥（Ⅱ桥），可逆系统的反桥、交-直-交变频器的逆变部分均使用反组元件；同时还配备了 6 只整流二极管 VD1～VD6，可用作串联二极管式逆变器中的二极管，也可构成不可控整流桥。所有这些元件均有 RC 吸收回路、压敏电阻等电压保护装置。

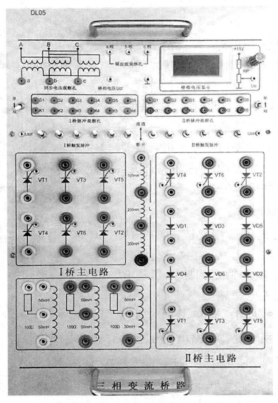

附图 2-2-1　DL05 挂箱面板图

2．同步电压观察孔

同步信号是从电源控制屏内获得的，屏内装有△/Y 接法的三相同步变压器，它和主电源输出保持同相，内部已经连好，可在观察孔中观察同步电源的相位。

3．电抗器

主电路中使用的平波电抗器共有三挡，分别为 100 mH、200 mH、300 mH，可根据需要选择电感值。

4．正、反桥钮子开关

正、反桥脉冲输入端的触发脉冲信号通过"正、反桥钮子开关"接至相应晶闸管的门极和阴极。面板上共设有 12 个钮子开关，分为正、反桥两组，分别控制对应晶闸管的触发脉冲。开关打到"接通"侧，触发脉冲接到晶闸管的门极和阴极；开关打到"断开"侧，触发脉冲被切断。

5. 触发电路

本触发电路接收三相同步电压信号，供触发电路产生触发脉冲，产生的触发脉冲经正桥功放和反桥功放电路放大后送给正反桥主电路晶闸管。

当正桥控制端 U_{1f} 接地时，允许正桥功放电路工作；当反桥控制端 U_{1r} 接地时，允许反桥功放电路工作。

应用本触发电路板应注意：

（1）面板上的"偏移电压 U_b"与挂箱内触发电路相连接。调节电位器 R_P 可调节 U_b 的大小，进而调节移相角的大小。"移相电压 U_{ct}"为外部移相信号，如果没有外部移相信号，则该端应接地，否则没有触发脉冲产生。

U_{ct} 和 U_b 用于控制触发电路的移相角。在一般的情况下，我们首先将 U_{ct} 接地，调节 U_b，从而确定触发脉冲的初始位置；当初始移相角固定后，在以后的调节中只调节 U_{ct} 的电压，这样能确保移相角始终不会大于初始位置，防止实验失败。例如，在逆变实验中初始移相角 $\alpha = 150°$ 定下后，无论怎么调节 U_{ct}，都能保证 $\beta > 30°$，从而防止在实验过程中出现逆变颠覆的情况。

触发脉冲的相位由移相控制电压 U_{ct} 来决定。当 $U_{ct} = 0V$ 时，脉冲相位角为 $90°$，整流桥输出电压为零，电动机停止。若当 $U_{ct} = 0$ 时，整流桥输出电压不为零，电动机转速也不为零，则应调节偏置电压 U_b，使整流桥输出电压为零时，电动机刚好停转。

（2）Ⅰ桥和Ⅱ桥的 6 个晶闸管中，K2、K4、K6 为触发板上同步电压输入端，在做实验时一定要在这三端加上三相同步电压，具体的连接已在内部连好，在做实验时只需将Ⅰ桥中 VT4、VT6、VT2 或Ⅱ桥中的 VT4、VT6、VT2 的阴极加上三相交流同步电压即可。虽然触发电路具有相序识别功能，但接线时最好将三相交流电按顺序接。触发电路分为两部分，一部分为Ⅰ桥触发电路，另一部分为Ⅱ桥触发电路，两部分电路的功能一样，可通过不同的控制方式实现不同的功能。Ⅰ桥和Ⅱ桥都可通过外部给定（不一定要用电位器，也可以是其他电路的输出），作为一个独立的工作单元，没有主次之分。当完成某些实验时，可通过控制电路实现对这两组桥路的控制。这两组触发电路中的任一组都可以完成三相桥式全控整流、三相半控整流、交流调压等实验。

6. 锯齿波斜率调节与观察孔

由外接的三相同步信号经 KC04 集成触发电路，可产生三路锯齿波信号。调节电位器，可改变相应的锯齿波斜率。三路锯齿波斜率在调节后应保证基本相同，六路脉冲间隔也应基本保持一致，从而使主电路输出的整流波形整齐。

附 2 - 3　DL06 挂箱（单结晶体管、正弦波、锯齿波触发电路）

DL06 挂箱面板如附图 2-3-1 所示。晶闸管装置的正常工作与其触发电路的正确、可靠的运行密切相关，门极触发电路必须按主电路的要求来设计。为了能可靠地触发晶闸管，触发信号应满足以下几点要求：

（1）触发脉冲应有足够的功率，且其电压和电流应大于晶闸管要求的数值，并保留足够的裕量。

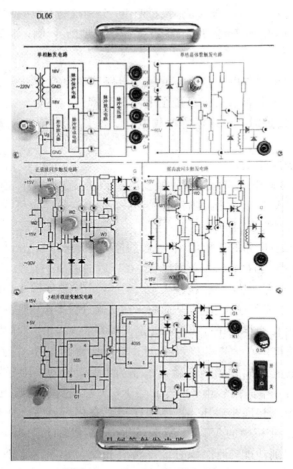

附图 2-3-1 DL06 挂箱面板图

（2）为了实现变流电路输出的电压连续可调，触发脉冲的相位应能在一定的范围内连续可调。

（3）触发脉冲与晶闸管主电路电源必须同步，两者频率应该相同，而且要有固定的相位关系，使每一周期都能在同样的相位上触发。

（4）触发脉冲的波形要符合一定的要求。多数晶闸管电路要求触发脉冲的前沿要陡，以实现精确的导通控制。对于电感性负载，由于电感的存在，其回路中的电流不能突变，所以要求其触发脉冲要有一定的宽度，以确保主回路的电流在没有上升到晶闸管擎住电流之前，其门极与阴极始终有触发脉冲存在，保证电路可靠工作。

DL06 挂箱为晶闸管触发电路专用挂箱，其中有单结晶体管触发电路、正弦波同步移相触发电路、锯齿波同步移相触发电路、单相交流调压触发电路、单相并联逆变触发电路。

1. 单结晶体管触发电路

单结晶体管触发电路原理图如附图 2-3-2 所示。图中 V_3 为单结晶体管，其常用的型号有 BT33 和 BT35 两种。由 V_2 和 C_1 组成 RC 充电回路，由 C_1、V_3 与脉冲变压器组成电容放电回路，调节 R_{P1} 即可改变 C_1 充电回路中的等效电阻。

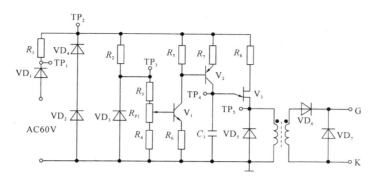

附图 2-3-2　单结晶体管触发电路原理图

单结晶体管触发电路的工作原理如下：

由同步变压器副边输出 60 V 的交流同步电压，经 VD_1 半波整流，再由稳压管 VD_2、VD_4 进行削波，从而得到梯形波电压，其过零点与电源电压的过零点同步。梯形波电压通过 R_7 及 V_2 向电容 C_1 充电，当充电电压达到单结晶体管的峰值电压 U_P 时，单结晶体管 V_3 导通，电容通过脉冲变压器原边放电，脉冲变压器副边输出脉冲。同时，由于放电时间常数很小，C_1 两端的电压很快下降到单结晶体管的谷点电压 U_v，使 V_3 关断，C_1 再次充电，周而复始，在电容 C_1 两端电压呈现锯齿波形，在脉冲变压器副边输出尖脉冲。在一个梯形波电压周期内，V_3 可能导通、关断多次，但只有输出的第一个触发脉冲对晶闸管的触发时刻起作用。充电时间常数由电容 C_1 和等效电阻等决定。调节 R_{P1} 改变 C_1 的充电时间，控制第一个尖脉冲的出现时刻，可实现脉冲的移相控制。其中，元件 R_{P1} 已装在面板上，同步信号已在内部接好。单结晶体管触发电路的各点波形如附图 2-3-3 所示。

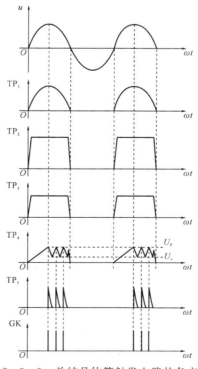

附图 2-3-3　单结晶体管触发电路的各点波形

2. 正弦波同步移相触发电路

正弦波同步移相触发电路由同步移相、脉冲放大等环节组成，其原理如附图 2-3-4 所示。

同步信号由同步变压器副边提供，三极管 V_1 左边部分为同步移相环节，在 V_1 的基极上综合了同步电压 U_T、偏移电压 U_b 及控制电压 U_{ct}（R_{P1} 电位器调节 U_{ct}，R_{P2} 调节 U_b）。调节 R_{P1} 及 R_{P2} 均可改变 V_1 三极管的翻转时刻，从而控制触发角的位置。脉冲形成整形环节是一分立元件的集基耦合单稳态脉冲电路，V_2 的集电极耦合到 V_3 的基极，V_3 的集电极通过 C_4、R_{P3} 耦合到 V_2 的基极。

当 V_1 未导通时，R_6 供给 V_2 足够的基极电流，使之饱和导通，V_3 截止。电源电压通过 R_9、T_1、VD_6、V_2 对 C_4 充电至 15 V 左右，极性为左负右正。

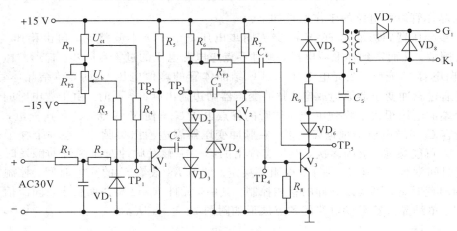

附图 2-3-4　正弦波同步移相触发电路原理图

当 V_1 导通的时候，V_1 的集电极从高电位翻转为低电位，V_2 截止，V_3 导通，脉冲变压器输出脉冲。由于设置了 C_4、R_{P3} 阻容正反馈电路，使 V_3 加速导通，提高输出脉冲的前沿陡度。同时，V_3 导通经正反馈耦合，V_2 的基极保持低电压，V_2 维持截止状态，电容 C_4 通过 R_{P3}、V_3 放电到零，再反向充电，当 V_2 的基极电位升到 0.7 V 后，V_2 从截止变为导通，V_3 从导通变为截止。V_2 的基极电位上升到 0.7 V 的时间由其充放电时间常数所决定，改变 R_{P3} 的阻值就可以改变其时间常数，也就是改变输出脉冲的宽度。

正弦波同步移相触发电路的各点电压波形如附图 2-3-5 所示。

电位器 R_{P1}、R_{P2}、R_{P3} 均已安装在面板上，同步变压器副边已在内部接好，所有的测试信号都在面板上引出。

3. 锯齿波同步移相触发电路

锯齿波同步移相触发电路由同步检测、锯齿波形成、移相控制、脉冲形成、脉冲放大等环节组成，其原理图如附图 2-3-6 所示。

由 V_3、VD_1、VD_2、C_1 等元件组成同步检测环节，其作用是利用同步电压 U_T 来控制锯齿波产生的时刻及锯齿波的宽度。V_1、V_2 等元件组成恒流源电路，当 V_3 截止时，恒流源对 C_2 充电形成锯齿波；当 V_3 导通时，电容 C_2 通过 R_4、V_3 放电。调节电位器 R_{P1} 可以调节恒流源的电流大小，从而改变锯齿波的斜率。控制电压 U_{ct}、偏移电压 U_b 和锯齿波电压在 V_5 基极综合叠加，从而构成移相控制环节。R_{P2}、R_{P3} 分别用于调节控制电压 U_{ct} 和偏移电压 U_b 的大小。V_6、V_7构成脉冲形成、脉冲放大环节，C_5为强触发电容，用于改善脉冲的前沿，最后由脉冲变压器输出触发脉冲。该电路的各点电压波形如附图 2-3-7 所示。

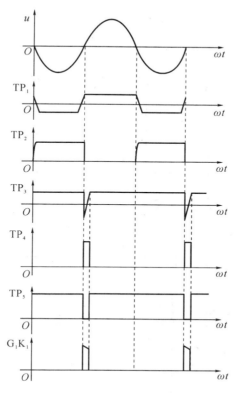

附图 2-3-5　正弦波同步移相触发电路的各点电压波形（$\alpha=0°$）

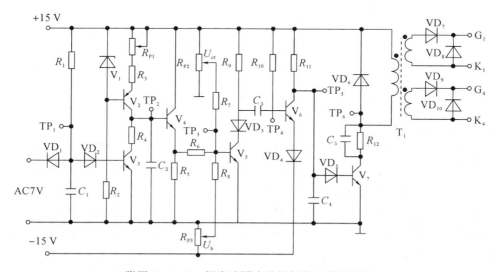

附图 2-3-6　锯齿波同步移相触发电路原理图

本装置有两路锯齿波同步移相触发电路，分别为Ⅰ和Ⅱ，它们的电路完全一样，只是锯齿波触发电路Ⅱ输出的触发脉冲相位与Ⅰ恰好互差 $180°$，它可供单相整流及逆变实验用。

电位器 R_{P1}、R_{P2}、R_{P3} 均已安装在挂箱的面板上，同步变压器副边已在挂箱内部接好，所有的测试信号都在面板上引出。

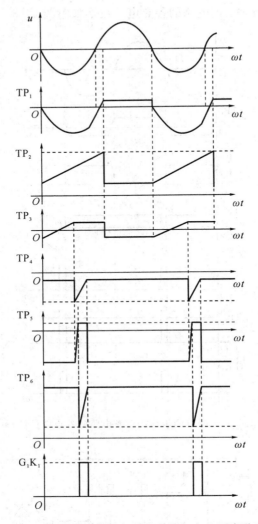

附图 2-3-7　锯齿波同步移相触发电路各点电压波形($\alpha=90°$)

4. 单相触发电路

工业现场正在使用的新型晶闸管集成触发电路主要是西门子 TCA785，与 KC04 等相比，它对零点的识别更加可靠，输出脉冲的齐整度更好，移相范围更宽，输出脉冲的宽度可人为自由调节。单相触发电路原理图如附图 2-3-8 所示。

单相触发电路是由单相电路触发板和四路末级板组成的。单相电路触发板的核心是单相触发脉冲的集成块 TCA785，它的 11 脚是移相控制端，通过一个外接电阻 R_{P2} 来调节，5 脚是同步电压输入端，14、15 脚能产生两个相位互差 180°的脉冲，经 V_1 和 V_2 放大后得 G_1、G_2，G_1、G_2 输出到四路末级板的首端，其中一、三两路接 G_1，二、四两路接 G_2，经脉冲变压器后输出四路脉冲 K_1、G_1、K_2、G_2、K_3、G_3、K_4、G_4，可用作单相调压实验，单相全桥、半桥、半波等电路的触发脉冲。

由电位器 R_{P1} 调节锯齿波斜率，R_{P2} 电位器调节晶闸管的触发角。

电位器 R_{P1}、R_{P2} 已安装在挂箱的面板上，所有的测试信号都在面板上引出。

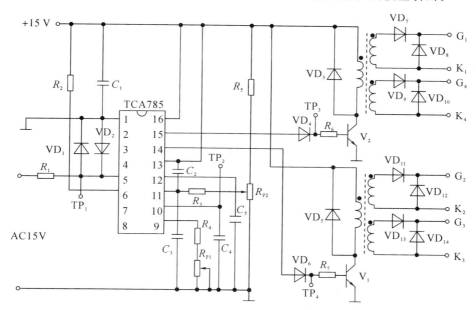

附图 2-3-8　单相触发电路原理图

附 2-4　DL07 挂箱（电机控制实训箱）

DL07 挂箱（即电机控制实训箱）的面板如附图 2-4-1 所示。

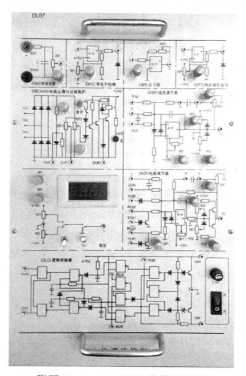

附图 2-4-1　DL07 挂箱面板图

1. 给定器（G）

给定器的原理图如附图 2-4-2 所示。给定器由两个电位器 R_{P1}、R_{P2} 及两个钮子开关 S_1、S_2 组成，S_1 为正负极性转换开关，S_2 为输出控制开关。将 S_2 打到"运行"侧，则允许电压输出；打到"停止"侧，则输出恒为零。输出正负电压的大小分别由 R_{P1}、R_{P2} 来调节，其最大输出电压为 ±15 V。

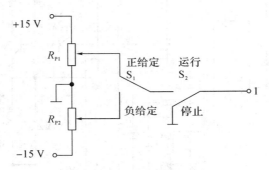

附图 2-4-2　给定器原理图

元件 R_{P1}、R_{P2}、S_1 和 S_2 均安装在组件挂箱的面板上。

按以下步骤拨动 S_1、S_2，可获得以下信号：

（1）将 S_2 打到"运行"侧，S_1 打到"正给定"侧，调节 R_{P1} 使给定输出一定的正电压。此时，若拨动 S_2 到"停止"侧，则可获得从正电压突跳到 0 V 的阶跃信号；若拨动 S_2 到"运行"侧，则可获得从 0 V 突跳到正电压的阶跃信号。

（2）将 S_2 打到"运行"侧，S_1 打到"负给定"侧，调节 R_{P2} 使给定输出一定的负电压。此时，若拨动 S_2 到"停止"侧，则可获得从负电压突跳到 0 V 的阶跃信号；若拨动 S_2 到"运行"侧，则可获得从 0 V 突跳到负电压的阶跃信号。

（3）将 S_2 打到"运行"侧，拨动 S_1，分别调节 R_{P1} 和 R_{P2} 使输出一定的正负电压。当 S_1 从"正给定"侧打到"负给定"侧时，可得到从正电压到负电压的跳变。当 S_1 从"负给定"侧打到"正给定"侧时，可得到从负电压到正电压的跳变。

注意：不允许长时间将输出端接地，特别是输出电压比较高的时候，否则可能会将 R_{P1}、R_{P2} 损坏。

2. 速度交换器（FBS）

速度交换器（FBS）用于有反馈的调速系统中，将直流测速发电机的输出电压变换成适用于控制单元且与转速成正比的直流电压，作为速度反馈，其原理图如附图 2-4-3 所示。

使用时，将测速发电机的输出端接至速度变换器的输入端"1"和"2"，测速发电机已与数字式转速表相连，直接显示电动机的转速。调节电位器 R_{P1} 可改变速度变换器输出电压的大小。

3. 反号器（AR）

反号器（AR）由运算放大器、二极管及若干电阻组成，如附图 2-4-4 所示。反号器用于调速系统中信号需要倒相的场合。

反号器的输入信号由运算放大器的反相输入端接

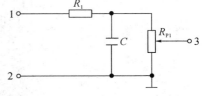

附图 2-4-3　速度交换器原理图

入，故输出电压为

$$U_{\mathrm{o}} = \frac{-(R_{\mathrm{P1}} + R_2)}{R_1} \times U_{\mathrm{i}}$$

调节 R_{P1} 的可动触点，可改变 R_{P1} 的数值，使 $R_{\mathrm{P1}} + R_2 = R_1$，则 $U_{\mathrm{o}} = -U_{\mathrm{i}}$ 成倒相关系。元件 R_{P1} 装在面板上。

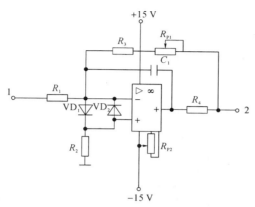

附图 2-4-4　反号器原理图

附 2-5　DL08 挂箱（带保护的直流斩波电路）

DL08 挂箱（见附图 2-5-1）为直流斩波器（带保护），它是在 IGC.7 型 IGBT 单管驱动板基础上增加 PWM 脉冲形成的。它具有故障（过压、超速等）保护电路，具体为驱动级欠饱和、短路、软关断及降栅压等电路。与前单管驱动板相比，它可以驱动的容量大大提高，性能更加完备。DL08 挂箱分为前级及保护电路、后级驱动电路。

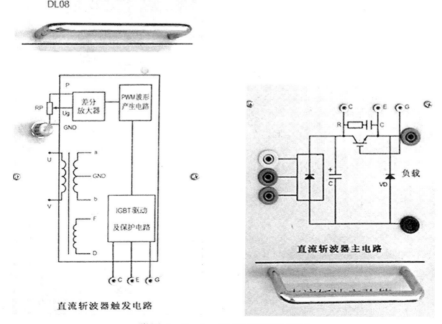

附图 2-5-1　DL08 挂箱面板图

1. 前级及保护电路

由 S03256 产生可调 PWM（频率及占空比可调），由运放及光耦组成过流保护电路，由 HL403B 及外围电路完成过载及超速等保护，并且由 HL403B 较强的输出激励输出具有强驱动能力的 PWM 方波，再去驱动后级驱动电路，从而控制电机的运行。

2. 后级驱动电路

输入的三相电经整流滤波后，加到 IGBT 的 C、E 两端，栅极与前级输出相连，由控制信号去控制 IGBT 的导通，从而使得输出到电机的电流电压随控制信号而变化，达到控制电机转速的目的。

附 2 - 6　　DL10 挂箱（功率器件驱动电路）

DL10 挂箱是自关断电力电子器件挂箱，面板上共有五个模块，其中包括 GTO、GTR、MOSFET、IGBT 等四种自关断器件的驱动和保护电路，其面板图如附图 2 - 6 - 1 所示。

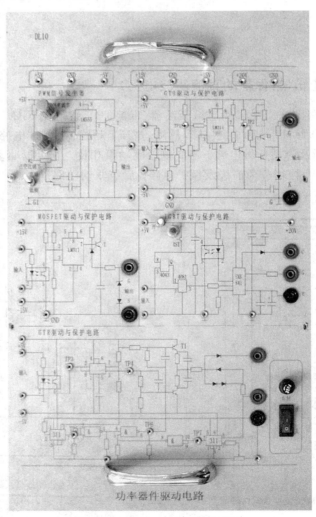

图 2 - 6 - 1　DL10 挂箱面板图

DL10 挂箱可以拖动直流电机进行调压调速实训及进行自关断器件的特性研究实训,其内部电路包括 PWM 信号发生电路、主电路过流保护电路、GTO 驱动与保护电路、GTR 驱动与保护电路、MOSFET 驱动与保护电路、IGBT 驱动与保护电路等。MOSFET 模块单独 +5 V 供电,其他模块由面板上的 +5 V、−5 V、+15 V、−15 V 或 +20 V 供电。

1. 稳压电源

稳压电源可提供 ±5 V、±15 V 及 20 V 电源,供各个驱动电路使用。

2. PWM 信号发生电路

此电路在面板上主要由调频电位器、调脉宽电位器及高低频切换开关组成。PWM 信号从电阻 R_2 两端输出,通过示波器可以从 R_2 两端观察 PWM 信号是否输出。

3. GTO 驱动与保护电路

GTO 驱动与保护电路原理图如附图 2−6−2 所示。电路由 ±5 V 直流电源供电,输入端接 PWM 信号发生电路输出的 PWM 信号,经过光耦隔离后送入驱动电路。当比较器 LM311 输出低电平时,V_2、V_4 截止,V_3 导通。+5 V 电源经 R_{11}、R_{12}、R_{14} 和 C_1 加速网络向 GTO 提供开通电流,GTO 导通。当比较器输出高电平时,V_2 导通、V_3 截止、V_4 导通,−5 V 电源经 L_1、R_{13}、V_4、R_{14} 提供反向关断电流,关断 GTO 后,再给门极提供反向偏置电压。

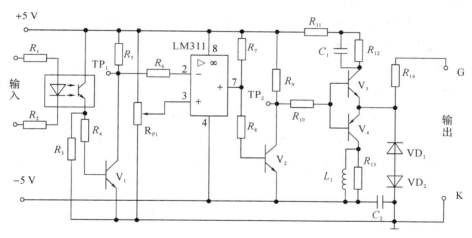

附图 2−6−2　GTO 驱动与保护电路原理图

4. GTR 驱动与保护电路

该电路的工作电源由面板上的 +5 V、−5 V 通过导线供给。GTR 驱动与保护电路原理图如附图 2−6−3 所示。该电路的控制信号经光耦隔离后输入 555 定时器。555 定时器接成施密特触发器形式,其输出信号用于驱动 V_1 和 V_2。V_1 和 V_2 分别由正、负电源供电,其输出提供 GTR 基极开通与关断的电流。C_5、C_6 为加速电容,可向 GTR 提供瞬时开关大电流,以提高开关速度。

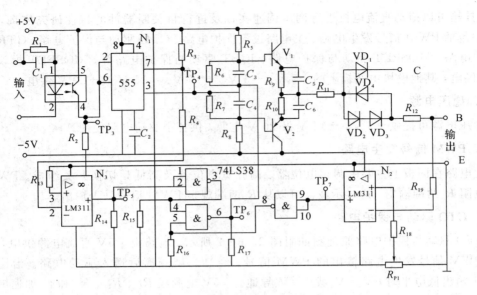

附图 2-6-3 GTR 驱动与保护电路原理图

VD$_1$～VD$_4$ 接成贝克钳位电路,使 GTR 始终处于准饱和状态,有利于提高器件的开关速度。其中,VD$_1$、VD$_2$、VD$_3$ 为抗饱和二极管,VD$_4$ 为反向基极电流提供回路。比较器 N$_2$ 通过监测 GTR 的 BE 结电压判断是否有过电流,并通过门电路控制器在有过电流时关断 GTR。当检测到基极存在过电流时,若通过采样电阻 R_{11} 得到的电压大于比较器 N$_2$ 的基准电压,则会使得 74LS38 的 6 脚输出为高电平,从而使 V$_1$ 管截止,起到关断 GTR 的作用。

5. IGBT 驱动与保护电路

该电路的工作电源由面板上的 +5 V、−5 V 通过导线供给。IGBT 驱动与保护电路如附图 2-6-4 所示。该电路采用富士通公司开发的 IGBT 专用集成触发芯片 EXB841。它由信号隔离电路、驱动放大器、过流检测器、低速过流切断电路和栅极关断电源等部分组成。

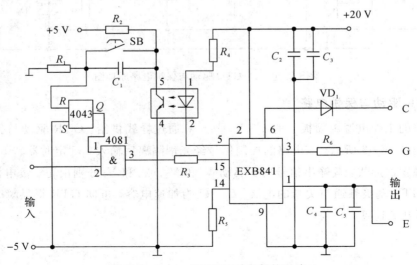

附图 2-6-4 IGBT 驱动与保护电路

EXB841 的 6 脚接一高压快恢复二极管 VD_1 至 IGBT 的集电极，以完成 IGBT 的过流保护。正常工作时，RS 触发器输出高电平，与输入的 PWM 信号相与后送入 EXB841 的输入端 15 脚。当过流时，驱动电路的保护线路通过 VD_1 检测到 IGBT 集电极电压升高，一方面在 10 μs 内逐步降低栅极电压，使 IGBT 进入软关断；另一方面通过 5 脚输出过流信号，使 RS 触发器动作，从而封锁与门，使输入封锁。

附 2-7　DL11 挂箱（新元器件特性实训箱）

DL11 挂箱面板图如附图 2-7-1 所示。挂箱中主要由四个主电路组成，每个电路都包含一个主要的开关元件，分别为 GTO、GTR、MOSFET、IGBT 等，且每个电路中还都包含 RC 吸收回路。此电路主要用来完成 DL10 挂箱中驱动信号所需完成的调压和调速实训。四个主电路基本原理相同，它们之间的区别只是开关元件不同而已。

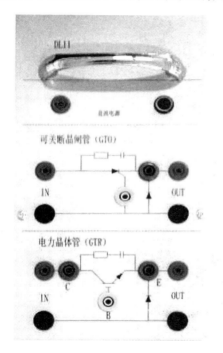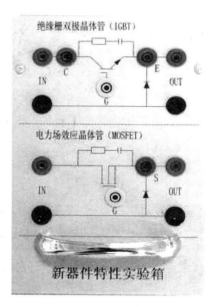

附图 2-7-1　DL11 挂箱面板图

附 2-8　DL14 挂箱（变压器实训）

DL14 挂箱是三相芯式变压器，其面板图如附图 2-8-1 所示。

该挂箱在绕线式异步电机串级调速系统中作为逆变变压器使用，在三相桥式、单相桥式有源逆变电路实训中也要使用该挂箱。该变压器有 2 套副边绕组，原、副边绕组的相电压为 127 V/63.5 V/31.8 V（如果是 Y/Y/Y 接法，则线电压为 220 V/110 V/55 V）。

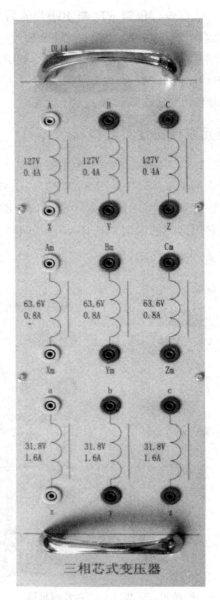

附图 2‐8‐1　DL14 挂箱面板图

附 2‐9　DJ24 挂箱（可调电阻、电容箱）

DJ24 挂箱（见附图 2‐9‐1）作为电机调速控制中电流、速度调节器的外接电阻、电容。它提供了两个可调电阻（见附图 2‐9‐2），用于改变电动机的电流。每个可调电阻均有两个固定端和一个可动触头输出端，将两个可调电阻的两个可动触头连在一起经 A3 引出。

每个可调电阻上均装有一个 1.3 A 的熔断器。在调节电动机负载电流时，为了增加电流的可调范围，通常需将图中两个可调电阻并联使用。其连接方法是将 A1、A2 并联后作为等效可调电阻的固定端外接，将 A3 作为等效可调电阻的可动触头外接。

注意，必须使用 A1、A2 端，而不能使用 X1、X2 端，否则熔断器不起作用。

附图 2-9-1　DJ24 挂箱面板图　　　　　　附图 2-9-2　可调电阻

附 2-10　直流电动机组

直流电动机组包括同轴相连的直流电动机、直流发电机、测速发电机及转速表,如附图 2-10-1 所示。

转速表　　测速发电机　　直流发电机　　　直流电动机

附图 2-10-1　直流电动机组

直流电动机为直流调速系统被控对象，电枢绕组接整流桥输出电压，励磁绕组接励磁电源（在电源控制屏上）。

测速发电机为永磁式直流发电机，其输出电压接转速表。它一方面通过数字表显示直流电动机转速，另一方面通过转速表板面上的两个接线端输出，用作转速反馈。

直流发电机连同外接可调负载电阻，作为直流电动机的模拟负载，用于改变直流电动机的电枢电流。其电枢绕组接外接负载电阻（见 DJ24 挂箱），励磁绕组接励磁电源（与电动机共用）。由于与直流电动机同轴相连，直流电动机转速越高，直流发电机电枢绕组输出电压越高，电阻消耗的功率越大，直流电动机输出的功率越大，直流电动机电枢电流也就越大。

附录3   电源控制屏常见故障的诊断

下面罗列了用户使用设备过程中最容易遇见的九个问题。当设备出现以下问题后，可参考以下步骤解决问题。如果仍无法解决，请及时向生产厂家进行技术咨询。

（1）插上三相四线的电源后，电源控制屏上没有任何反应。

检查输入电源是否正常？→控制屏上的空气开关是否合上？

（2）控制屏上的交流电源没有电源输出。

检查输入电源是否正常？→控制屏主面板上的"电源总开关"是否打开？→是否将控制屏启动？

（3）打开控制屏上的直流电源开关，但没有电压输出。

检查输入电源是否正常？→控制屏主面板上的"电源总开关"是否打开？→是否将控制屏启动？

（4）三相主电路有一路或几路没有输出。

检查输入电源是否有缺相现象？→主面板上的 8 A 保险丝是否正常？

（5）控制屏无法启动。

检查输入电源是否正常？→控制屏主面板上的"电源总开关"是否打开？→主面板上的1.5 A 保险丝是否正常？→定时兼报警记录仪是否到达定时时间？

（6）控制屏面板上的"启动"、"停止"按钮均不亮了。

检查输入电源是否正常？→控制屏主面板上的"电源总开关"是否打开？→主面板上的1.5 A 保险丝是否正常？

（7）控制屏面板上的仪表均不亮了。

检查输入电源是否正常？→控制屏主面板上的"电源总开关"是否打开？→主面板上的1.5 A 保险丝是否正常？

（8）控制屏右侧的电源插座没有电源输出。

检查输入电源是否正常？→控制屏主面板上的"电源总开关"是否打开？→1.5 A 保险丝是否正常？

（9）用户将挂箱和控制屏上的电源插孔连接好，打开挂箱的电源开关，没有反应。

检查输入电源是否正常？→控制屏主面板上的"电源总开关"是否打开？→挂箱的保险丝是否正常？

参 考 文 献

[1]　马晓宇. 电力电子技术[M]. 西安：西安电子科技大学出版社，2016.

[2]　莫正康. 半导体变流技术[M]. 2 版. 北京：机械工业出版社，1997.

[3]　浣喜明，姚为正. 电力电子技术[M]. 3 版. 北京：高等教育出版社，2010.

[4]　王维平. 现代电力电子技术及其应用[M]. 2 版. 南京：东南大学出版社，2000.

[5]　王兆安，黄俊. 电力电子技术[M]. 4 版. 北京：机械工业出版社，2000.

[6]　刘峰，孙艳萍. 电力电子技术[M]. 2 版. 大连：大连理工大学出版社，2009.

[7]　石新春，杨京燕，王毅. 电力电子技术[M]. 2 版. 北京：中国电力出版社，2006.

[8]　陈坚. 电力电子学[M]. 北京：高等教育出版社，2006.

[9]　赵炳良. 现代电力电子技术基础[M]. 北京：清华大学出版社，1995.

[10]　钱照明，张军明，盛况. 电力电子器件及其应用的现状和发展[J]. 中国电机工程学报，2014，34(29)：5149 – 5161.

[11]　宗升，何湘宁，吴建德，等. 基于电力电子变换的电能路由器研究现状与发展[J]. 中国电机工程学报，2015(18).

[12]　沙广林. 电力电子变压器中双有源桥 DC – DC 变换器的研究[D]. 北京：中国矿业大学，2016.

[13]　黄家善. 电力电子技术[M]. 北京：机械工业出版社，2003.

[14]　张涛. 电力电子技术[M]. 4 版. 北京：电子工业出版社，2007.

[15]　周元一. 电力电子应用技术[M]. 北京：机械工业出版社，2013.

[16]　包方正. 论如何做好仪器仪表周期检定工作[J]. 南方农机，2017，48(10)：67.

[17]　卢昉. 节电与安全[J]. 电工技术，1989(03).

[18]　陈永强，刘国荣. 正确理解电气设备中电源插头的剩余电压和剩余能量[J]. 日用电器，2008(10).

[19]　王琳. 安全用电常识[J]. 吉林劳动保护，2016(07)：42.

[20]　何丽莉、陈晨. 电力电子技术实训指导. 北京：中国劳动社会保障出版社，2014.

[21]　王鲁杨. 电力电子技术实验指导书. 北京：中国电力出版社，2011.

[22]　陈艳. 电力电子技术实验教程. 重庆：重庆大学出版社，2017.

[23]　栗书贤. 电力电子技术实验(第 2 版). 北京：机械工业出版社，2009.